家装故事汇
U0322224
二居装饰
精致的小康生活
丁方◎编著
清华大学出版社
北京

内 容 简 介

家庭装修是把生活的各种情形“物化”到空间之中。大的装修概念包括房间设计、装修、家具布置以及富有情趣的软性装点。通常业主会亲自介入到装修过程中，不仅在装修设计施工期间，还包括入住之后长期不断地改进。装修是件琐碎的事，需要业主用智慧去整合，是一件既美妙又辛苦的事情。

找对装潢公司非常重要，选择装潢公司不能轻信广告，业主必须自己具备一定的装修知识、品位以及对装修流行趋势的把握。如何挑选家装公司？如何和设计师沟通？你真懂颜色吗？全包还是半包？装修禁忌又有哪些？如何装修更省钱？……除了基本流程之外，装修更是一种对直觉、美学等综合能力的考验。

本书结合大量实例（不乏大量获奖作品），以主人公故事的形式，以点带面，从真实、简单的问题出发讲解枯燥难懂的装修知识。

本套书适合都市住宅业主、家装和软装类设计师、设计院校学生阅读。全套书有 5 册：一居分册、二居分册、三居分册、改造分册、软装分册，本书为二居分册。

图书在版编目(CIP)数据

二居装饰——精致的小康生活 / 丁方编著. —北京：清华大学出版社，2016
（家装故事汇）
ISBN 978-7-302-42102-3

Ⅰ. ①二…　Ⅱ. ①丁…　Ⅲ. ①住宅—室内装修　Ⅳ. ①TU767

中国版本图书馆 CIP 数据核字（2015）第 267404 号

责任编辑： 栾大成
封面设计： 杨玉芳
责任校对： 徐俊伟
责任印制： 杨　艳

出版发行： 清华大学出版社
网　　址：http://www.tup.com.cn，http://www.wqbook.com
地　　址：北京清华大学学研大厦 A 座　　邮　　编：100084
社 总 机：010-62770175　　邮　　购：010-62786544
投稿与读者服务：010-62776969，c-service@tup.tsinghua.edu.cn
质 量 反 馈：010-62772015，zhiliang@tup.tsinghua.edu.cn
印 装 者： 北京亿浓世纪彩色印刷有限公司
经　　销： 全国新华书店
开　　本： 210mm×185mm　　**印　　张：** 7　　**字　　数：** 488 千字
版　　次： 2016 年 2 月第 1 版　　**印　　次：** 2016 年 2 月第 1 次印刷
印　　数： 1～3000
定　　价： 39.00 元

产品编号：047446-01

Preface 前言

二居装饰
——精致的小康生活

走过千山万水，住过奢华酒店，但人们永远觉得自己的家更美、更舒适。

如何在规定时间、有限预算内完成装修任务？设计师如何与业主个体或业主整个家庭进行良好沟通成为设计的关键所在。如何在有限的空间内满足家庭成员的不同需求，如老人需要阳光明媚而安静的卧室和书房，婴儿需要有专职人员看护，幼儿和青少年的室内安全问题，如何满足成人视听和娱乐享受，如何在室内种花理草？如何在黄梅天和大冬天做好装修工作？家中的墙面成为了炫耀幸福的场所，宝宝的照片占据了“半壁江山”……作为一户普通人家，在装修时如何节省和控制费用，如何利用网络淘来各种价廉物美的东西装修、装饰新家。

如何扩容餐厅和客厅？如何打造迷人的地中海风格？如何混搭过时的家具，变废为宝？怎样利用阳台？如何做好收纳？

看完此书，你会觉得小面积的家庭装修其实不需要支付昂贵的费用，所要的就是充裕的时间或精力，或快乐的劳动，几者兼而有之或起码具备一种，加上本书为您奉上的灵感，家装这件“头痛”的大事轻松搞定。

本书贴近普通受众，倡导自主动手、节俭装修，推崇轻装修、重装饰的装修原则，低碳、环保成为我们的追求。我们努力发掘装修背后的故事，所涉及的人名和情景均为虚拟。所有将要家装的、正在家装的、已经家装的，热爱生活、热爱家庭的人群都是本书的读者对象。本书在保障观赏性的同时，提供装修知识、家装创意、家装常识。

丁 方

目录

二居装饰
——精致的小康生活

HomE

1. 简约制造——隐形门里的钻石迷情

Project Information 项目信息

设计：
上海五四设计事务所 李戈
装修风格：
现代简约
户型：
二室二厅
装饰材料：
细木工板、石膏板、进口乳胶漆与壁纸、布艺软包、夹板、浅色大理石、浅色实木地板、深色大理石踢脚线、灰镜等

林立，32 岁，事业小成，
唯独还未寻觅到合适的另一半，
要问为什么？“没有感觉。”看似简单的四个字，
却最为折磨人，而他也并不着急，
只为等待最适合的那个她出现。
晓蕾，26 岁，典型的乖乖女，每天朝九晚五，两点一线。
却总是期待着能有一场浪漫的网恋降临。
当微博在网络上日渐红火的时候，他俩也在饶有兴趣地织着各自的围脖，某一天，彼此忽然发现，
微博的那一头有个人和自己有太多的相似点。
于是，加关注，@ 私信，再到 QQ，直至见面。
这场神奇的网恋
最终变成了一场浪漫的爱情。

平面布置图 scale 1:80

紧接着，新房装修被提上了正题。“当初不是说好的，我喜欢什么样就设计成什么样的，现在怎么不算数了呀！”晓蕾不满地说到。原来，晓蕾一直喜欢浪漫的田园风格，而林立则坚持要做简约风格。“你看这些粉色的墙面，白色的家具，还有那么多的小碎花、蕾丝，完全是女人住的房间，我怎么受得了呀！”林立解释到，“简约的风格怎么样都不会过时，而且以后又容易打扫，你若是喜欢浪漫，我们也可以适当的买一些小装饰，没必要把整个房子弄成公主房吧，对不对？”听了这话，晓蕾想想也不无道理，于是也就做出了让步。

简洁而不简单

在确定了风格之后，他俩也希望能让自己的家显得有那么一点个性。于是，晓蕾开始买杂志、上论坛，搜集各种喜欢的设计照片。林立则勤快地逛起了家居市场。两个月后，新家终于完工了。明亮的客厅里，浅色调的墙面和地砖，再加上一整面的镜墙，让房间显得更为开阔。此外，晓蕾挑选的这些黑白花纹的壁纸、晶莹剔透的水晶灯以及一些红色的家居用品，则让家多了一份柔和与浪漫。并且，几处隐藏门的设计也颇为巧妙，相同的棋盘格墙面让空间显得更为统一，其中的奥秘却要仔细观察才会发觉。而家中最闪亮的角落当数厨房的吧台了，闪亮的马赛克贴面显得摩登时尚，这里也是林立和晓蕾最喜欢的地方。

镜子的利用

1. 反射光线：对于不能享受直射光线或阴暗的角落，可以利用镜子将自然光反射到该角落，使其更明亮。
2. 加强空间感：采用镜墙或大面积的镜子悬挂在靠近天花板或墙壁交界处的地方，可以让人感觉空间被大大扩张。
3. 摆设：请把起居室、走廊、餐厅里的漂亮镜子当做装饰画那样的存在吧。

Tips:

关于隐形门

1. 隐形门是一种不用门框、不用锁，外面也可以不装把手的门。关上后不易直接观察出门的存在。使用复位器的隐形门是可以自己关上的。
2. 合页：隐藏门要解决没有把手的问题，需要安装一种可以自动关闭的装置，用以代替门把手。
3. 门：当门关闭的时候要和墙一样平，唯一的办法就是把门向前移动和墙保持一个水平位置，装好后，在门上做各种和墙壁一样的图案来隐藏门的存在。
4. 门锁：当卫生间或卧室隐藏的时候，里面必须装锁，以免尴尬。

2. 日式小清新——木色家具怀旧风

Project Information
项目信息

风格：
日式现代简约
面积：
68 平方米
户型：
2 室 2 厅
客户群体：
都市白领
设计：
loongfoongart
格调：
清新质朴，活泼俏皮
主材质：
原木、PVC

米娜的理想
是做一名全职的家庭主妇。
“这也叫理想？”
昔日的大学室友当初听闻都笑了起来。
“经营好家庭，靠的绝对是智慧！
看过日式主妇的生活场景和日常作业，
你才知道平常生活的滋味可以像橄榄一样
值得回味！”米娜反击说。到了米娜家，
你才会感叹日式小清新为何会风靡全球，风靡世界的
原因不仅在于亲近自然、轻松、热爱生活的人生态度，
也许更在于一种主妇经营家的全心全意的爱。
在我们欣赏房间的装修时，
总是忍不住对各种家居装饰叹道
“好有爱”。

清雅明亮

日式风格家居可以细分为传统日式风格和现代日式风格，传统日式家居在大都市并不常见。在我国更为流行的是较为现代的日式风格。在这个家中，设计师将自然界的材质大量运用于居室的装修、装饰中，以淡雅节制、深邃禅意为境界，突出家居的实际功能。

传统的日本家居风格讲究淡泊宁静的禅意，身居现代都市，米娜将这种风格稍稍改良。她眼中的日式“小清新”不细究禅意，但在风格上也要追求气质脱俗。当初买下这套房子，一大原因就是全南的房型，窗户很大。“明亮的感受可是日式小清新里必不可少的哦！”日本的家居设计很巧妙地运用了“拿来主义”，很轻松了融合了中式的淡雅和西式的浪漫。明亮的空间使白色墙壁和浅色地板看起来更加清爽。

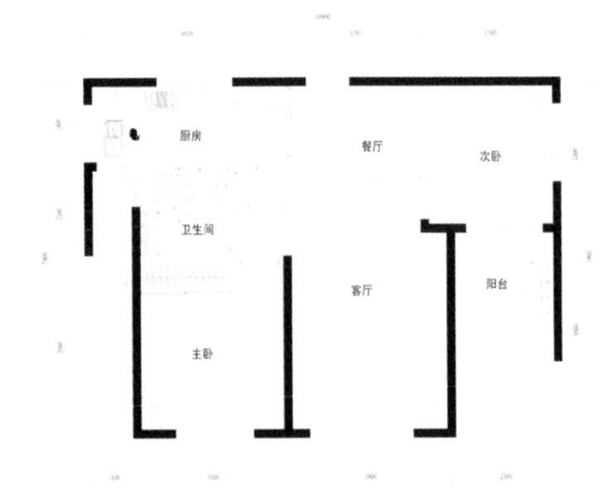

木色家具

米娜搭配的家具低矮而且不多，以保持整个家居环境的空旷度。门窗、家具、原木色的木地板，都很好地保留了细腻漂亮的木纹，让房间呈现出自然的感觉。然后在不经意间添几抹绿色，空间就变得分外清新。

聪明的主妇会说，抓住男人的胃就抓住了男人的心。米娜说，抓住日式小清新的精髓，就抓住了生活的“心”。在这里生活，日子也变得舒坦、自然，而又本真起来。

米娜的独家小清新细节

细节 1：日式灯罩

灯光是家的眼睛，清新的和风家居环境，在夜晚尤其需要灯饰的点缀。常见的和风家居会选用竹制的传统花灯，而较为现代的日式小清新家居，清新风格的日式吊灯能很好地营造出气氛而常被用在设计装修中。这款圆形麻质灯罩，如皓月当空，在墙面投射下斑驳的影子，在夜晚很有禅意。

细节 2：创意门套

木纹门套很容易流于平淡，而这里门套的比例是设计师特意为米娜设计的。上方的加高包框让平凡的木色门框变得很有味道，充分呼应粗木框的相框，让墙面变得隽永起来。

细节 3：怀旧之物

小时候用过的打字机、妈妈嫁妆之一的草编箱、充满旧工业时代气息的木齿轮摆件……平实而又带有怀旧气质的饰物让清淡的房间变得温暖而有故事，充满人情味。

细节 4：温暖质朴

即使很多人没有亲身感受过日本人的生活方式，但拜今日发达的影视传媒业所赐，我们对日本跪坐的习惯并不陌生。然而熟悉和自己习惯还是远远不同。米娜选择了一条柔软的手工地毯让脚底变得温暖。而亚麻色的床罩也在平实中透出质朴，给冬夜带来暖意。

3. 清丽逼人——来自北欧的简约清风

Project Information
项目信息

设计：
1917
软装费用：
3 万
建筑面积：
110 平方米
风格关键词：
北欧简约风
装修关键词：
地台、卫浴集成吊顶
主要色调：
黑白灰基调 + 跳跃的彩色
设计亮点：
集成吊顶

费倩不施粉黛不着华服，
一样清丽逼人。
还有大把的青春，
不必靠那些零碎妆点。
费倩坚信，
房子也不必华服胭脂，即使简单收拾，
也会自有一派青春气息。
走进家门，果然是青春美人的模样。
清丽明亮的色调，
通透的玻璃，绿意环绕……
简约原来可以如此自然而明丽。

浓浓北欧情致

谁说简约一定要带着现代的坚冷？北欧的简约，永远不会给你寒冷的感觉，设计中处处补充着斯堪地那维亚半岛宝贵的冬日暖阳和葱荣绿意。如果你喜欢温暖自然的费情，那么你一定会喜欢上这套北欧简约的房间。

白色与各种清新亮色的组合，似乎已成了北欧的色彩标签。整套房间中，贯穿着这些色彩元素，又各有侧重，色彩和材质的对比将空间作细微的氛围勾勒。客厅中，清明的白色悬浮在空气中。会客区是清浅白色与黑白花纹背景墙的冷静组合，红色沙发与果绿色靠包穿插其中，勾勒着北欧风尚。餐椅承袭了客厅黑白花纹的背景墙，而绿色的餐垫和花束则为餐桌增加了春的气息。

费倩的色彩搭配法

跳跃的颜色，象难驯的烈马，只有搭配了适当的颜色，才能让它乖乖地呆在你的房间里。

方法一：选择柔和的色彩

白配绿：在白色的调和下，略显刺眼的绿色有了宁静安详的性格。

方法二：跳跃色和黑色搭配

黑配红：热烈的红色在黑色电视背景墙沉稳的调子中压住了阵脚。对比强烈的两种色彩互为牵制，给热烈的客厅降温，营造出了高贵冷艳的气质。

方法三：黑白搭配

当然也包括一切极深色和极浅色的搭配，给人以神秘而高贵的感觉。

Tips：

卫浴集成吊顶巧安排

区别于以往厨卫吊顶上生硬地安装浴霸或换气扇或照明灯后的效果，集成吊顶安装完毕后看到的不再是生硬组合，而是美观协调的顶部造型。让我们看看这个卫浴空间如何巧妙布局让功能充分发挥。

1. 取暖：独立的取暖灯，安装在淋浴区正上方。

2. 照明：独立的照明灯安排在卫生间中心位置，靠近座便器上方，既照亮整个房间，又为“厕读”一族带来方便，而不再靠浴霸照明灯的照明，克服了传统浴霸安装位置的尴尬。

补充照明灯安装在洗手台上方位置，为化妆、剃须带来方便。

3. 换气：独立的换气扇，安装在坐便器正上方。

比比看：

集成吊顶 VS 浴霸

传统的浴霸产品将很多功能硬性地结合为一身，并采用底壳包裹的形式。不但各功能的位置无法分开，而且在使用过程中，由于功率非常高，机温也就随之升高，从而降低元器件的寿命。而集成吊顶各功能模块拆分之后，采用开放分体式的安装方式，使电器组件的寿命提升 3 倍以上，更加耐用。

4. 六月未央——阳光威尼斯

Project Information 项目信息

户型：
二室二厅一卫
面积：
97平方米
风格：
现代简约
设计：
1917
施工方式：
半包
主人：
大猫 & 小火
装修费用：
硬+软装约10万
色彩关键词：
白色、灰色、驼色

半年的时间，能改变什么？
比如，一个家！楼盘叫阳光威尼斯，
是小火一听就爱上的名字。六月里的威尼斯，
树影婆娑，微醺的阳光照耀在一抹绿檀般的流水上，
让人浅笑嫣然。泥泞的工地早已被葱郁取下，
即便在寒冷的冬夜，也不会再有刺骨的风。
仅仅一个月时间，原本记忆中灰地白墙的石面与毛胚，
已被一架的藤蔓与鲜艳，长成童话里的模样，
而空气中那一丝若有若无的香味，成为幸福与恬甜的旋律。
一些缘分与用心的妙手偶得，造就了“六月未央”。
六月未央，硬装只是开始，软装将继续数年。
小火希望家是一种宁静，
一派低调以及一些幸福的感觉。
不矫揉造作，只求一点清新。

一处一空间，牢牢把握空间灯光与色调。仅仅是一点光源，已将小小的角落冷暖分割，也许，这是一种冷静与热情并存的境界吧。

小小的空间，自然不能移步换景，但每一处，都充盈着十分的心思。用镜子借景，就能让客厅和餐厅互相参照。

记得那年，两人在一棵静静伫立的树下默默守候，当然，还有那一墙的记忆，慢慢等待岁月的沉淀。
而那六角通透的阳台，微风轻拂着纱幔，只有那白色花架上，静静地芬芳吐艳。

小火答疑材料：

电视背景墙：是用比利时进口墙纸，在墙纸店定购的。

软装采购：

淘宝采购的有：书房的照片墙（顾盼兮）、树形衣架（leexiaozhu）及沙背装饰画（大震旦）。其余软装饰品皆为实体店采购。

设计师答疑风格重点：

简约时尚风，以温馨简洁为定位，极简的造型、材质的对比作为设计案出发点。和业主沟通后原则上纯粹装饰性的元素及造型尽量舍弃，以色彩搭配灯光配置为重点。

(1) 客餐厅以材质肌理本质特征为主要的表达方式。

(2) 阳台改造为内阳台休闲区，作为喝茶看书的好去处。

小火装修经验谈

橱柜背后贴什么砖？

家中订的成套橱柜，不要以为橱柜背后挡住的空间反正也看不见，就让墙壁裸露着，而是应在橱柜背后也铺满瓷砖。一来瓷砖是厨房墙面防水层最好的保护；二来瓷砖会极大减少厨房潮气对橱柜的侵蚀，防止橱柜发霉变形；三来贴砖有利于橱柜与地面和墙面找平，使橱柜与墙、地面接缝吻合，保持橱柜的美观和保证橱柜的使用寿命。

因为被橱柜遮挡，所以可以选择差一些的釉面砖，既节约成本又无碍观瞻。但必须先让橱柜厂商测量后再铺，以防橱柜不够大而使差砖“露陷”。

如何夸大空间面积

对于小户型来说，增大空间感是设计师的首要任务。

办法一：卧室床单的选择

在卧室里其实无需繁琐的软装，被褥本身就是最好的装饰物。作为纺织大国的中国，各种花色床单应有尽有，还不选套称心的？！对面积不大的卧室来说，要增大空间感的办法是选择饱满的图案，如大圆点就好过小波尔多圆点的效果，大牡丹就好过樱花的效果。聪明的主人选择了大波尔多圆点，也正是今季流行的色调——驼色，使得房间亮丽而活泼，仅仅 9 平方米的卧室大气不少。

办法二：卫生间器具的选择

小小卫生间，如何显得大些？无疑，方形这种规整造型是你的心头好。如果说方形卫浴器具在过大的卫生间里摆放，偶尔会显得呆板，那么在面积不超过 10 平方米的卫生间内绝对合适。大猫亲自挑选的方形台盆、方形浴缸、方形坐便器，看起来都是那么协调。

5. 居室未来风——如何打造时尚“iPhone 居”

Miko，男，30 岁，IT 业程序工程师。
从 iPhone 1 一直追到 iPhone 6，
iPod、iPad、苹果笔记本，一个不能少。
交房那天正值 iPhone 6 上市。
他和设计师在毛坯房只见了 5 分钟，
扔下一把钥匙和一句话：
“风格啊，就做成 iPhone 感的吧！”
30 岁，再怎么说已经而立，
今后可不会像现在一样一味追着时尚跑。
所以设计师在时尚未来感之上，
又加了一点点沉稳、硬朗和科技在里面。
拿设计师的话来说，
“这房子够他近 10 年的审美变化了。”

Project Information
项目信息

户型：
二室二厅
风格关键词：
时尚未来感
硬装材质：
烤漆木板、大理石、玻化砖、金属面板橱柜
设计亮点：
直线感，金属风

色彩：
灵感来自太空

锃亮的宇航船，深邃的外太空，流光溢彩的银河……科技让我们与太空越来越接近，也带来了充满现代感和未来感的金属风与烤漆风潮。

这种流行潮同样冲击着家居市场，充满概念性的“Hi－Tech”金属和烤漆质感风格的家具也慢慢风靡起来。进门的玄关柜，全都闪着不同寻常的冷调光泽，仿佛来自太空的幽幽光辉，隐约中散发着一种原始沉静的深邃感觉，赋予房间冷冽的未来科技感和前卫的个性。

进门后的客厅，采用深胡桃木色电视墙搭配白色地面和家具。为了弱化过于强烈的对比，又选择了灰色的窗帘和地毯作为过渡，凸显出男性的沉稳气质。

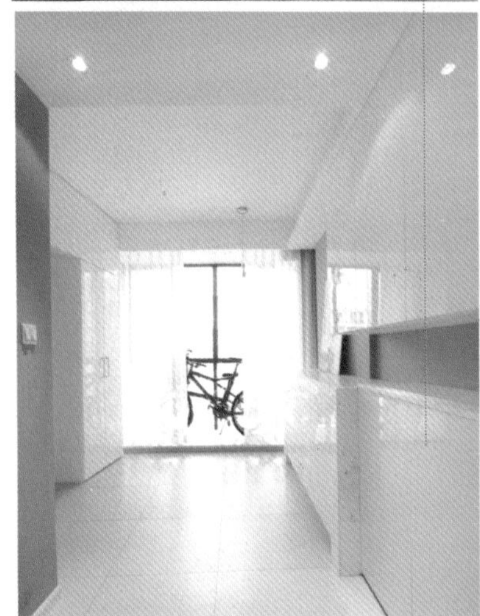

线条：
刚劲简约的直线

除了冷调的色彩与材质之外，锐利果断的直线是这套设计中不可或缺的要素。无论是进门的隔断、门框、电视背景墙、甚至是大理石地台，都处理得有棱有角，呈现一种锐利的男性气质。

一点点柔软和温暖

过于硬朗阳刚的房间不适和居住，在软装和家具色调统一的前提下，设计师选择了带有“温暖感”的质地。客厅的地毯、布艺沙发，餐厅的软包卡座，都在让房间的温度缓慢回升。

而在灯光的处理上，更是选择了黄色的射灯，胡桃木墙与烤漆门板的多种纹理的组合，在光线下呈现出不同的肌理效果，在统一中有了丰富的变化，以弥补色彩的单一。

Tips:

如何打造金属未来感厨房?

一、金属风格，武装到细节

门板：

橱柜门板一般都由金属贴面的中密度板制成。由于金属材料的反光性，带纹理的金属贴面往往会有富于变化的光泽与肌理效果。这种橱柜切忌打平光，适当地对面板进行侧光布置后，会突出它的纹理效果。

拉手：

为了保持橱柜整体的平整性，以达到简约、硬朗的效果，一般金属风格的橱柜都采用嵌入式拉手。外安式拉手也以爽利的直线或弧形为主。色彩上，无论是镀亮、抛光还是拉丝，都要有金属的光泽感。

挂架：

为了顺应风格需要，刀叉碗筷砧板是否都必须藏起来？不要怕琐碎的厨房用具破坏了简约的观感，具有强大收纳功能的不锈钢挂架，既与风格搭配，又给了厨房实用的功能。

电器灶台：

不锈钢材质的抽油烟机和灶台是金属风格厨房首选。无论是亮面还是拉丝，都能和橱柜融为一体。在具体样式的选择上，有笔挺直线、硬朗切面、尖锐直角的“强硬派”，会让你的厨房充满简约的男性气质。

墙面：

与简约的金属风格配搭，最好厨房墙面也能保持平整和冷调。大块无缝拼接的瓷砖是个不错的选择；而相同色调的金属贴面，更能营造一种整体的氛围。

二、轻松做保养

橱柜的金属门板， 看似华贵，却是最易清洁和保养的。中密度板上的金属贴面经特殊氧化处理，精细拉丝打磨，表面形成致密保护层，有极好的耐磨、耐高温、抗腐蚀性能。粗放的保养方法，很适合如今快节奏的简约生活，与金属风格厨房的简约气质不谋而合。卫生间亦然。

6. 绝色奢华——黑白冷艳到底

设计：
D6 设计 储丹霞
建筑面积：
90 平米
楼盘户型：
二居室

同样由笔直的线条和浓厚的色彩打造，但与欧式简约不同，后者更为“年轻”，而前者则注重细节刻画，即便只使用黑白两色也要浓墨重笔，缔造高贵冷艳的视觉享受。复杂和昂贵并不是对奢华冷艳风最好的诠释，冷艳气质的装饰设计并不需要强调俗套的价值观，而是用浓重的色彩搭配现代线条诠释卓尔不群的冷艳奢华。

“冷艳是一种态度。”
小 May 说，
并非有姿色才选择不妥协，
这里更多的是一种个性的意味。
打扮得艳光四射，
并非为了取悦别人，
只是为了让自己喜欢。
做人如此，房子也一样。

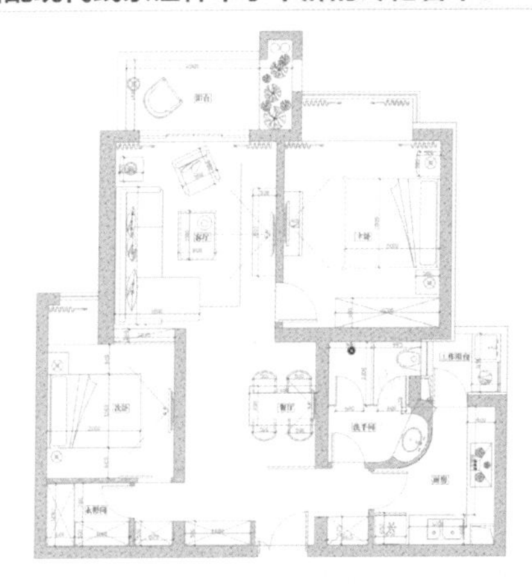

绝色冷艳

说其“冷艳”，重点在于客厅与餐厅的用色。客厅使用浓重的黑白两色，搭配高反光度的表面材质，如窗帘和装饰性的酒桶部分，给人来带冷冷的高贵感。吊灯的选择也是复古金属质感，最有特色的莫过于电视背景墙，凹凸的三角形形成鲜亮的立体感，再在表面贴上银色壁纸，非常炫目。

而在餐厅的装饰上，设计师则将华丽发挥得淋漓尽致，夸大的松果灯与华丽的新古典墙纸、带有亮片的桌布、泛着金色的麋鹿雕像，无不产生出金碧辉煌的感觉。

餐厅另一面的墙上更是使用黑色玻璃砖搭配马赛克，让整个餐厅的倒影映在其中，亦真亦幻，仿佛一幅光影画作。隔断也是华而不乱，与壁纸搭配得恰到好处。

双料卧室

两款卧室的装潢体现出的是不同的感受，主卧床头的紫色软包、黑色丝织窗帘、带绒毛的复古立灯、白色珠光皮质床……书写出的是神秘园般的浪漫氛围。特别是采用电视墙暗门的方式进入，更是显得扑朔迷离。

而客卧则完全呈现了一种不同的风格，大玩时尚元素，无论是墙上红黑紧凑的线条、床单窗帘上多彩的文字、或是耀目的黄色海报。相较于其他空间里复古的格调，这里却活力十足。无论是朋友来玩还是今后留为儿童房，这种时尚酷玩风都很适合。

厨卫里的小奢华

厨房的小奢墙面给小 May 带来不少惊喜，设计师特意为她找了一款鳄鱼纹的黑色皮纹砖，这些“奢侈”的皮革纹路，瞬间让厨房跳出了平淡和简约。不规则的光斑所折射出来的是一种低调的奢华，内敛却璀璨。

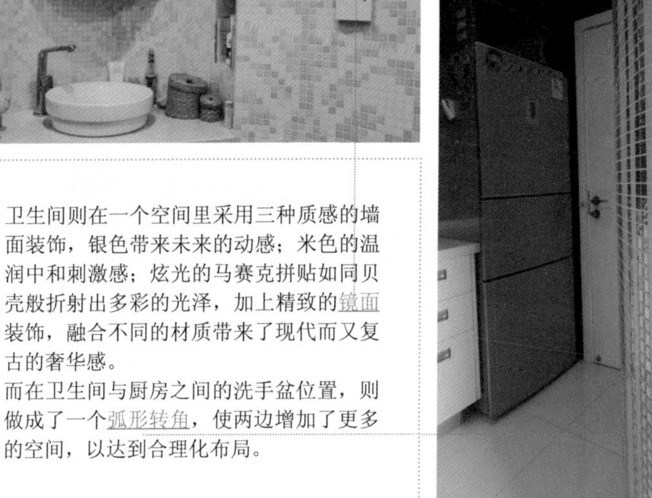

卫生间则在一个空间里采用三种质感的墙面装饰，银色带来未来的动感；米色的温润中和刺激感；炫光的马赛克拼贴如同贝壳般折射出多彩的光泽，加上精致的镜面装饰，融合不同的材质带来了现代而又复古的奢华感。

而在卫生间与厨房之间的洗手盆位置，则做成了一个弧形转角，使两边增加了更多的空间，以达到合理化布局。

7. 科幻时空——四招扩容餐厅

Project Information 项目信息

设计：
浙江城建装饰 陈宣营
房型：
二室三厅
建筑面积：
89 平方米
装修关键词：
镜子
风格关键词：
未来感简约风
改造亮点：
魔力活动墙、镜面、圆柱形玄关

王先生是个年轻的海归，
他想象中的新家要前卫、有现代感。
为了这个结果，
设计师小陈和王先生一家
付出了半年多的努力。
王先生说现在新家跟预期接近度有 90%，
剩下 10% 的差距不是因为设计师，
而是因为国内买不到预期的材料。

科幻玄关

推门进屋，圆柱形玄关就惊艳亮相于我们面前。这一设计改变了原来进门口直接对着客厅、餐厅，给人门洞大开的不舒适感。设计师小陈采用的圆柱造型，以及在餐厅和客厅之间增加镂花隔板的方案，既增加空间私密性又不影响采光，这个圆玄关还为公共区域增加了几分灵动感。经过这个玄关就仿佛走过科幻世界中的一道时空之门，完全置身于茶色玻璃和不锈钢柱相间的圆筒里。

Tips：
四招扩容餐厅

第一招：镜面扩容

借用茶色镜面玻璃从视觉上让餐厅空间向外、向上延伸。

第二招：虚拟隔断扩容

内包的北阳台改成带有吧台的休闲区，让餐厅空间向吧台延伸

第三招：浅色家具

浅色系的餐桌椅和地面从视觉上让人感觉明亮很多。

第四招：镂空借光

利用镂花隔断把客厅和阳台的光线引入餐厅。

镜面魔法

进入房间，满眼的茶色镜面玻璃、亮闪闪的不锈钢面以及黑白色的主基调，一套充满活力和个性的现代居室跃入眼帘。

镜面并非只是装饰，它的魔力还在于扩大了餐厅。面积不大的餐厅承担着连接客厅和玄关的功能，现在摆下一张六人餐桌之后依旧显得很敞亮，这归功于设计师用魔幻手段把餐厅面积扩大了一倍。

魔力活动墙

在书房中，设计师设计了一面可移动的书柜墙。穿过玄关和餐厅，会发现客厅和书房其实是连成一片的，而书房的背景——由不锈钢面和茶色镜面组成的书柜，自然也成了客厅的背景墙。这个现代感十足的书柜有一个王先生特别喜欢的功能，它的所有白色柜体都可以自由移动，通过移动白色柜体可以让书柜每天都有不同的款式。

8. 阳光爱丁堡——曲线救房省钱有道

Project Information
项目信息

设计：
上海瀚高设计
风格：
西班牙风格
房型：
二室二厅一卫
建筑面积：
75 平方米
主人：
夫妻 2 人，小白领
主体色调：
黄色
主体风格：
西班牙风格
改造亮点：
半弧形餐桌

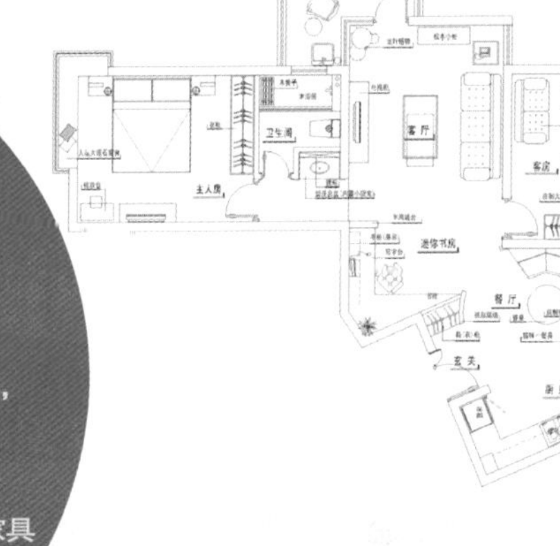

女方喜欢田园风格的甜美感觉，
但是男方不太能接受太多的碎花装饰，
中和双方的意见，设计师在设计的时候，
没有选择大面积的碎花墙纸，
而是选择大面积的黄色乳胶漆，
体现出一股田园的清新感。
既有乡村的阳光气质，又有中性和沉稳色调，
有着沙漠色泽的西班牙米黄无疑是
扩容空间的不二法宝，
搭配上深色的原木吊顶、栗色地板和做旧的家具
以及低调的欧式花草，
闲适乡野气息扑面而来。

整个空间都围绕着暖色的情调，暖暖的，洋溢着温馨，仿佛置身田园沐浴阳光。开放式的厨房、卡座以及木梁吊顶，设计师把田园风情展现得淋漓尽致。马赛克墙体饰面，做旧的柜门，都散发着一种主人对生活的态度和情趣！

房子本来讲究方正大气，可是这套户型进门看到的就是餐厅，门口正对着三角形的窗台，本就不大的空间显得更加狭小。于是将原先不规则的餐厅在吊顶、家具和墙面的呼应下，变身漂亮的圆形区域。暖橙色的墙面给客厅带来西班牙特有的厚重感。弧形的卡座、圆形的吊顶、桌子和进门的弧形墙面呼应这一圆形餐桌，摆放一两盆漂亮的迷迭香、山茶花等等，香气扑鼻。

门口做出的半堵弧形墙边，刚好做成一个入墙衣柜，并将柜门配上镜子，让玄关兼备穿衣镜和鞋柜的功能。
客厅斜墙一角被辟为开放式书房。书房区域沿墙做成不规则的三角形桌面以拉直锐角墙面，让房型变得规整起来。靠近过道的书房区域，用一面马赛克矮墙呼应走廊的马赛克镜框和镜框对面的洗手台。

由方形变圆后多了不规则的窗台，正好用矮篱围出死角区域的三角形花台，让薰衣草为餐厅带来地中海的香气和阳光。

将卫生间干区独立出来开向走廊区域。马赛克镜框和仿古闪色马赛克妆点的洗手台让平淡的走廊多了份靓丽的色彩。

Tips:

如何打造田园清新感的卧室？

薄荷绿色墙壁＋碎花图案山墙式线条。这种线条可以体现在腰线、顶角线或者地脚线。

另外，可以配置铁艺环状吊灯，放置山茶花、玫瑰等花束作为点缀。

可以根据季节的变化，在床上用品上换换花样。但切忌，清新感不怕样式过时，而是忌讳用色过杂、图案过多引起的不协调感。一盏样式很简单的壁灯是永不过时的选择。

9. 精彩“墙”镜头——不规则老房“变身”时尚婚房

Project Information
项目信息

设计师：
李倩
房型：
两室两厅一厨一卫
建筑面积：
108 平方米
主色调：
对比色
装修亮点：
混搭出层次感

刘小姐这套房子
买好后一直作为出租房使用。
今年有了结婚计划，
于是打算将其重新装修成为婚房。
毕竟是快 10 年的老房子了，
在房型、功能区划分上和新房相比对设计师是个挑战。
刘小姐和老公都是比较能够接受新鲜事物的人，
也敢于尝试一些前卫大胆的设计，
希望自己的房子可以做出与众不同的效果。
在设计师的巧心设计下，
每面墙都成了张扬个性的舞台，
而原本担心的不规则房型结构，
现在看来反而成了
时尚婚房中的亮点元素。

一个房间一种色彩

前卫而大胆的配色，一直是刘小姐非常喜欢的，当然也毫不犹豫地运用到了本次装修中，选择了一些比较“跳”的色彩来做不同的功能区划分，客厅的明橙、儿童房的翠绿、卧室的暗金……，让人走进每个房间，都会有不一样的感觉，心情也随之在不同色彩中切换跳跃。

餐厅整面墙都采用手绘风格绘制，橙色为整个房间带来活力。餐厅区域的吊顶，利用镜面及层次感处理，给餐厅带来现代的意味。经典款餐桌椅低调的色彩中和了明橙色手绘墙的张扬，也增加了整体质感。而定做的餐边柜除了收纳功能外，镜面柜体也在一定程度上延伸了视觉空间。

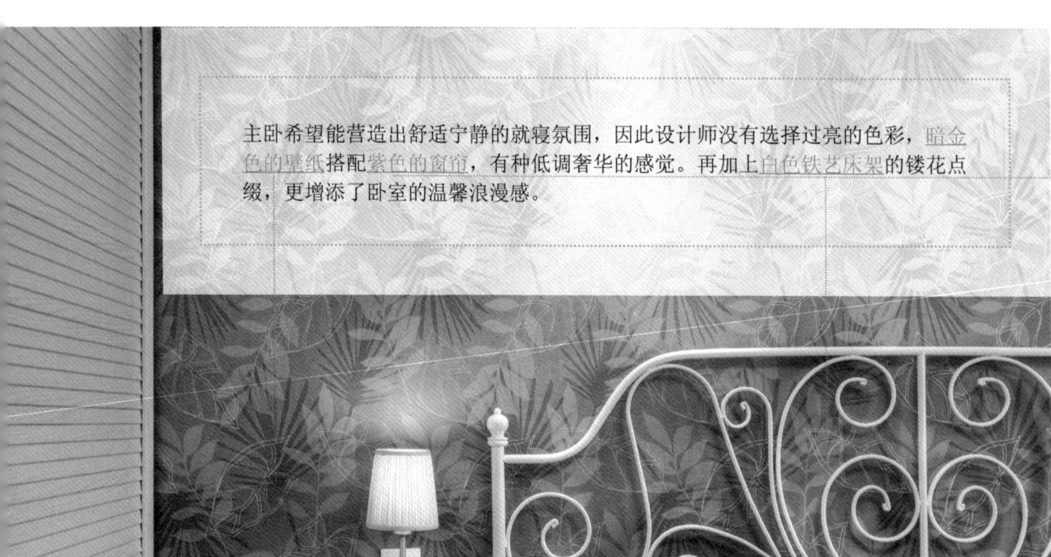

主卧希望能营造出舒适宁静的就寝氛围，因此设计师没有选择过亮的色彩，暗金色的壁纸搭配紫色的窗帘，有种低调奢华的感觉。再加上白色铁艺床架的镂花点缀，更增添了卧室的温馨浪漫感。

次卧打算将来做儿童房的，利用明快的绿色，打造出空间的活泼生动感。定做的衣柜门也采用了手绘图案，给房间带来清新明快的感受。

阳台全部打通，和客厅融为一体，让整体空间更为通透。艾依瑞斯的沙发颜色曾和设计师意见出现了小分歧。刘小姐更青睐于玫红色这种色彩亮丽的，设计师则坚持选择这款偏暗紫色的，事实证明效果非常好。

卫浴间则以浅褐色为主色调，L&D 的瓷砖色彩淡雅别致。现场定做的罗纹大理石台面经济实用，尺寸把握也刚刚好。

软装关键词：

线帘

线帘以它那种千丝万缕的数量感和若隐若现的朦胧感，点缀于家居的区间分隔之处，为整个居室营造出一种浪漫的氛围。微风起时，线帘随风“流动”，此时才体会到原来家居也可以风情万种。

用途：遮光、防尘、装饰、隔断，并造就一个宁静舒适的工作和生活环境，可以调节工作情绪。

挑选方法：密度匀称、垂感好以及颜色的持久度、亮泽度都是选择线帘时需要注意的。尽量选择由色丝织成的线帘，这种工艺比编织后染色的颜色更鲜艳，亮泽和色彩更均匀，色牢度更高，洗后不褪色，垂感也更好。

购买注意事项：线帘在定型前一般规格为宽 3 米、高 3 米。但是线帘在定型垂挂后会有一定的损耗，成品的宽和高一般都在 2.8 ～ 3.0 米之间。这个误差无法避免，所以购买时要留出一定的损耗预算。

10.“砖”心为母亲——专为爱收拾的老人打造

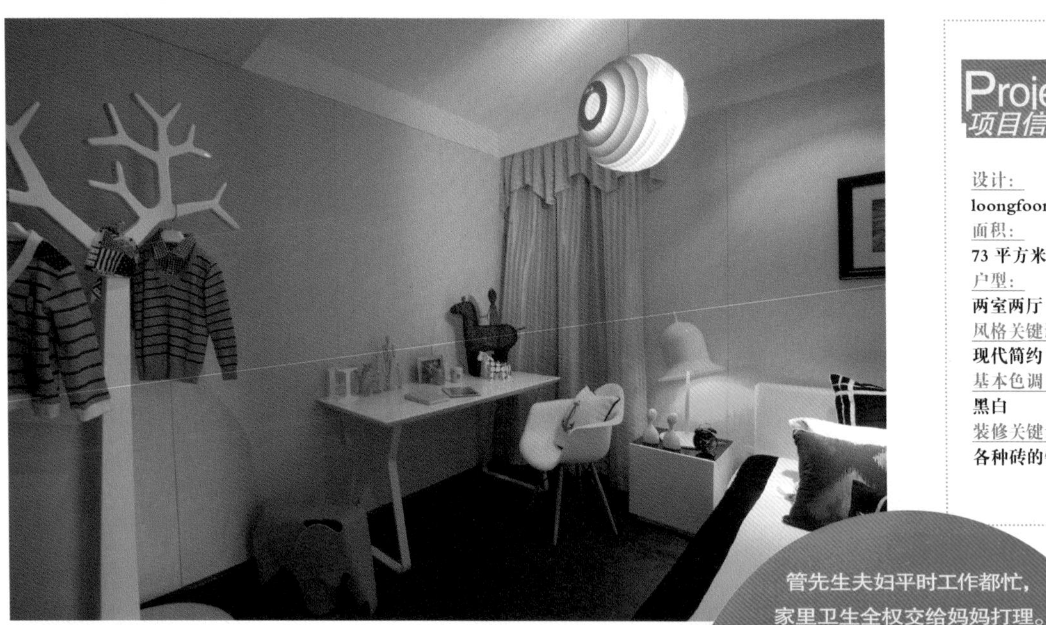

Project Information
项目信息

设计：
loongfoongart
面积：
73 平方米
户型：
两室两厅
风格关键词：
现代简约
基本色调：
黑白
装修关键词：
各种砖的铺设

管先生夫妇平时工作都忙，
家里卫生全权交给妈妈打理。
妈妈是闲不住又容不下灰尘的人，
出租屋内木地板拖了又拖，
百叶门灰尘掸了又掸，
卫生间的马赛克墙面用刷子刷了又刷，
老人家每天都要花一个小时来清洁房间，
管先生嘴上不说其实挺心疼的。
新买了房子，对设计的要求
就五个字：白净、好清理。

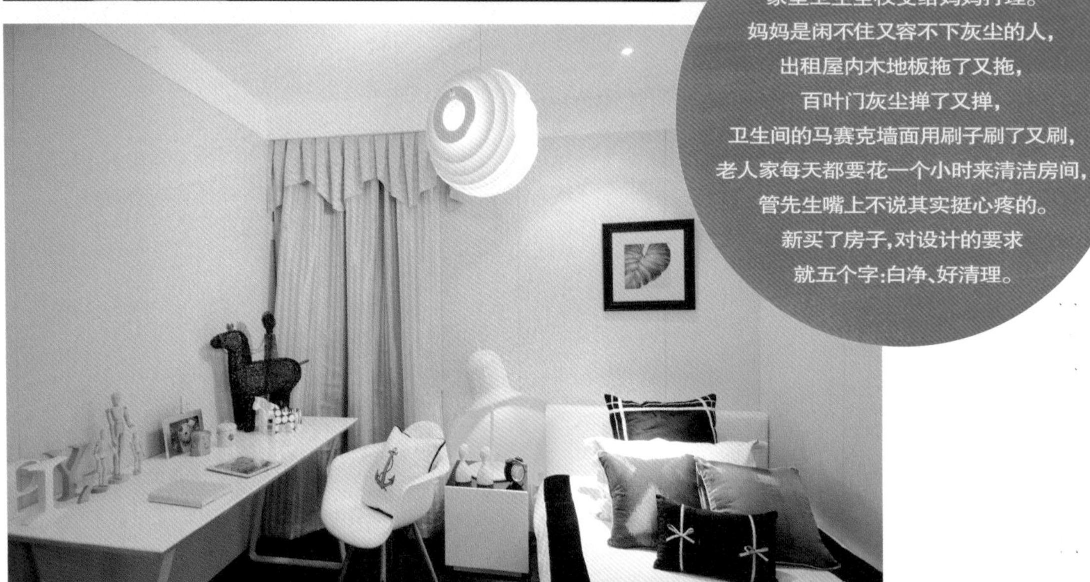

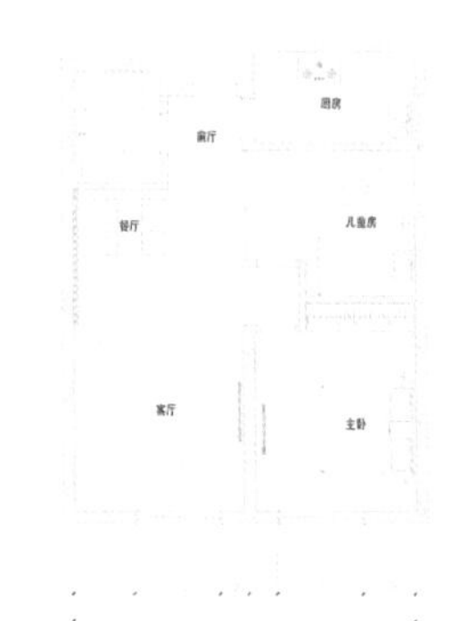

白白净净

现代简约的小户型，布局合理使其面积充分得到利用。以白色为主基调，搭配以沉稳的黑色和米驼色过渡，简约风格的房间呈现出简洁、清爽的气息。

客厅餐厅的空间并没有用硬质墙体进行区分，而是采用了块毯来区分两个空间。空灵设计感的餐椅、简约的餐具和四联方的装饰画将现代简约的主题定格。客厅的中性色家具上设计师选择了彩色玻璃饰品和花色抱枕提升了空间的活跃性，在沙发背景墙上设计师选择了一款复古的黑白复古摄影，凸显个性。

卧室的空间整体采用深色实木、深灰色棉麻、黑白对比的床品来构成，色彩稳重，家具选择著名设计师款，造型简洁但不失精致度。
照明也是管先生重点关注的因素之一。老年人视力不好，夜间更喜欢房间亮亮堂堂。每个房间除了吊灯之外，还安排了灯槽和射灯，满足不同需求的多层次照明。

砖天入地

妈妈喜欢纤尘不染的地面，习惯用湿拖把拖地。木地板经不起反复拖，白色砖地成了首选。客厅和餐厅都选择玻化砖满铺地面。管先生爱在家吃火锅，餐厅的墙面也铺上了大块面的墙砖，不怕沾染水汽和油灰，也减轻了妈妈打扫房间的工作量。

Tips:

白色玻化砖，铺贴需注意！

玻化砖由于全部是由土胚土料经过高温高压烧成，砖的表面有些很微小的细孔，污渍容易渗入砖体。而管先生家铺的白色砖体更不抗污，所以施工环节要格外注意，做好保护。

(1) 铺贴前，检查有否色差和大小差异，1、2mm 的错位或轻微色差对白色玻化砖的铺贴效果都有极大的影响。

(2) 铺贴前，应先处理好待贴地面平整，干铺法基础层达到一定刚硬度才能铺贴砖，铺贴时接缝多在 2 ～ 3 mm之间调整。

(3) 白色系列玻化砖建议采用 325 号白水泥，以达到和色效果。

(4) 抛光砖铺贴前预先打上防污蜡，可提高砖面抗污染能力。检查玻化砖的表面是否已经打过蜡，如果没有的话，必须经过打蜡后施工。判断打蜡的方法：看砖面是否有层蜡质的物质，砖面给人的感觉是雾蒙蒙的，用手摸的话，会有指印。

(5) 铺贴完工后，应及时将残留在砖上面的水泥污渍抹去。已铺贴完毕的地面需养护 4 ～ 5 天，防止受外力影响造成地面局部不平。

(6) 在施工时要求施工工人将橡皮锤用白布包裹后再使用。防污性能不好的砖在用皮锤敲打砖面时会留黑印，较难清洗。

(7) 对于刚铺好的地砖，不能在上面走动，由于水泥未干，在上面踩动，会人为造成砖面高低不平。

(8) 对于刚铺好的地砖，必须用瓷砖的包装箱（最好是防雨布）将铺好的砖盖好，防止沙子磨伤砖面，以及装修时使用的涂料油漆以及胶水滴在砖上，污染砖面。

11. 心如素笺——照片墙点缀过长走廊

Project Information
项目信息

设计：
Loongfoongart
建筑面积：
69 平方米
户型：
二室二厅
客户群体：
初次置业的年轻都市白领夫妇
风格关键词：
素雅，低调
房型缺陷：
走廊长而狭窄
装饰关键词：
相片墙

Janney 从法国回上海时，
带回一个三岁的混血女儿。
一个人生活、一个人带孩子，
岂是容易的事，
Janney 母女却在上海市中心位置安顿下来，
两人很安静地厮守着过日子。
Janney 说，即使是再残缺平淡的人生，
都可以过得有滋有味。
即使是有缺陷的户型，
也可以变得有风景可看。

长廊的风景

Janney 说她喜欢一句大家都已经烂熟的广告语："重要的不是结果，而是途中的风景。"听起来简单的一句话，又有几个人能真正做到？

“你一进屋就奔着阳台去，看着走廊尽头明亮的窗子，去走这样一条长长的走廊，会很闷很不耐烦。就像人生最没希望、最黑暗的一段路途一样走也走不完。但是，如果你不奔着窗户去，把这个走廊作为你旅途中的风景看，就会觉得处处都很好看、很精彩。我跟设计师说，我就是要这样一条走着不会闷的走廊。”于是，设计师大胆地在走廊上设置了入墙衣柜，并将对面卫生间的外墙也做成呼应的护墙板。虽然走廊变得更加狭小，却有了强烈的节奏感和丰富的视觉效果。

餐厅处的走廊，设计了法国主题的照片墙和桌面摆件，Janney 说，即使再艰难的岁月，也会有开心的回忆。忘记那些不愉快，留下那些好的，记录在墙面上，就像给自己这段岁月的回忆录。统一的黑白色相片，套上白色相框，错落摆放，成为墙头装饰的绝妙方案。造型简洁的白色餐桌上摆放着内敛的黑色餐具，搭配着极具设计感的黑色餐椅，黑与白的对撞，永不落伍的经典。

大空间的欢愉

卧室和客厅相对敞亮，设计师就在白色空间中引入了棕色调带来平衡感。米色沙发上摆放的彩色抱枕给客厅带来了欢快浪漫的温馨感。

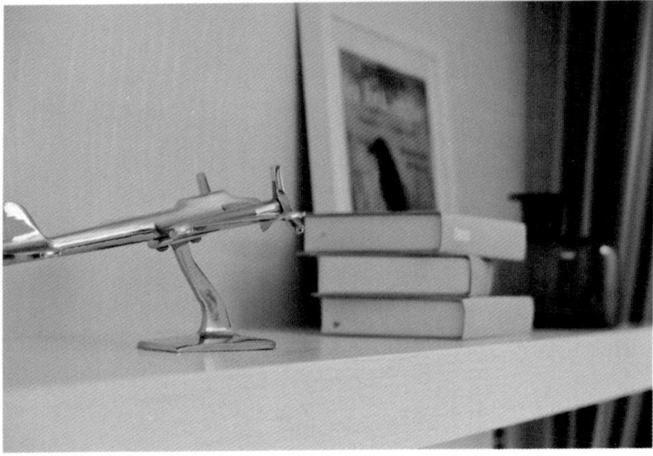

卧室满铺的地毯，温暖而舒适，时尚造型的不锈钢床头柜，配上造型饱满的台灯，大理石飘窗上的咖色羊毛毯与浅色靠垫，缓解了大理石给人的冰冷感，透着丝丝暖意与时尚感。

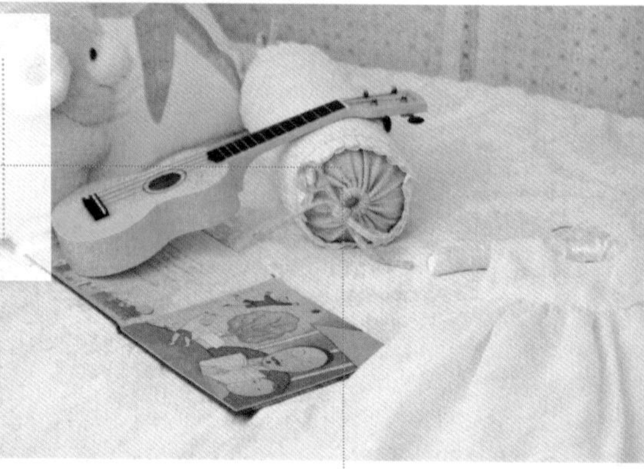

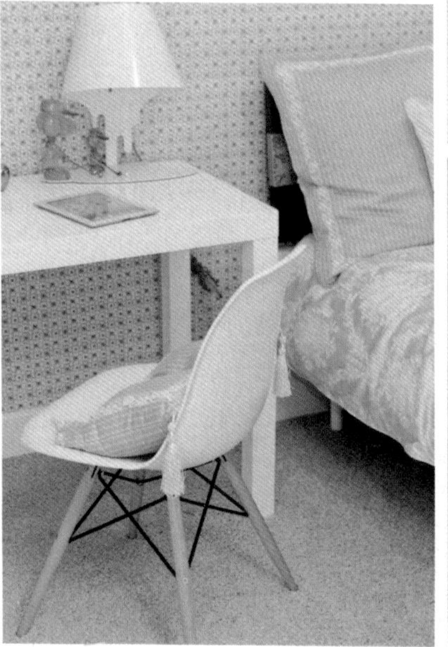

跟我学：

精彩照片墙

照片墙既可以展示自己生活中美好的点点滴滴，又可以成为墙面最好的装饰，已经成为最受欢迎的背景墙装饰方法之一。

1. 挂在哪里？

空白的电视背景墙、床后背景墙当然是挂画的首选。简约风格的客厅里，在沙发背景墙设计一面简单实用的照片墙，是很讨巧的点睛之笔。只要用几个大小不同的相框进行组合排列，就可以简单完成。不过，还有一些小地方，也值得你尝试。过道是个容易让人忽视的空间，整面的照片墙可以营造出颇有气势的感觉，打上暖黄色的射灯，这个角落会成为家里最有故事的地方。而设计一组照片墙在窗与窗之间、门与窗之间，可以让这个小空间变得丰富多彩。

2. 合理布局

横向照片与竖向照片的搭配、色彩的搭配、单张与组照的搭配，都需要设计者有很强的构图能力。照片一定不能多，否则整个墙面就会很满，让人感觉不够清爽；同时照片也不能大，太大会让人感觉压抑。

如果有一张特别精彩，你可以采取包围式照片背景墙挂法，将最大最好的放在中间，边上点缀一些零星的小镜框。众星捧月式的照片墙设计方法可以突出你想突出的照片，同时营造出整齐划一的效果，感觉这整个照片墙就是一个整体！在原本洁白无瑕的墙面上，这样的装饰尤为耀眼。

如果是新婚房间，照片记录着你们的点滴感情见证，你可以用相框摆出“爱心”的图形，或者选择卡通画来装饰墙面，用多幅小画框摆出“爱心”图案，带点调皮，却充满爱。

3. 不拘一格

除了照片之外，你还可以“混搭”一些其他的元素，让墙面更加生动。如三幅画框搭配一个可爱的挂钟，就让墙面少了生硬，多了几分活泼，少而精致的照片墙就是如此了。画框内可以不用放照片，改用蝴蝶标本、瓷盘、剪纸等，凸显与众不同。

12. 摩登老克勒——ART DECO 怀旧风

城市日新月异，丁先生却还是那个老勾勒的调调。仍旧在静安寺买了房，仍旧在自己的“洋房”里办周末PARTY，仍旧和老伙伴们喝着浓郁香醇的咖啡，海阔天空地用上海话闲聊，间杂一些伦敦腔的英语。
丁先生说，儿子在国外，自己百年后房子要留给孙子。这个调调其实摩登得很，以后孙子孙媳妇也会喜欢。

Project Information
项目信息

设计：
loongfoongart
建筑面积：
94 平方米
户型：
两室两厅
风格关键词：
ART DECO
装修关键词：
拼花地板
软装关键词：
地毯

老上海的调调，是由
丁先生这样的老克勒们勾勒出来的。
80 多岁，出门依旧西装领带，
上一点点发蜡，头发纹丝不乱。
“现在不时兴戴礼帽了。当年出门，
都是 STICK、礼帽、领结，一样都不能少的。”
解放前在外国银行做买办，
住静安寺的钢窗木地板公寓房，
周末必去百乐门跳场舞。

平面图 1:60

海派名士风

设计师运用深色镶木地板、浅色大分木格墙面做户型的硬装元素及色彩基调，并在陈设风格上采用摩登都会风来映衬这套样板房与众不同的知性气质。家具风格以基本简欧款式加以个性化的混搭，材质为木面结合织物软包，以铜炮钉为细节元素，面料以丝绒及绣花绸缎配合流苏体现质感，就像丁先生一丝不苟的出门装扮。

ART DECO

软装及家具的色彩主基调也承接硬装，为棕色、藕色、褐色等中性色系。丁先生怀念旧上海的奢靡时光，装饰品方面设计师便运用了大量具有上世纪 30 年代上海流行的 ART DECO 艺术风格的个性化配饰来布置。老时光丝丝入扣，如昨日重来。

Tips:

拼花地板随心选

如果你既不愿意选择冰冷的地砖，又想脚下有时尚的花纹，可以选择现代DIY自由拼装的强化地板: 设计简约，拼装自然随意，并且有完美的几何尺寸，无高低落差。目前市场上有全锁扣系统完全免胶安装的自由拼花地板，不仅让铺装连接更方便，更从健康环保的角度出发避免了胶水的甲醛污染给人体带来的巨大伤害。最绝妙的是，一款地板在不同房间和区域可以拼出不同花纹。如本案的人字花型，也可改为回字型铺法，让脚底不再沉闷。

Tips:

你会使用地毯吗?

在这套设计中，多个房间都大面积使用了地毯。地毯能提升脚感和舒适度，但在使用中需要注意以下问题:

(1) 新的开绒地毯使用初期会有轻微伏毛出现，属正常现象。
(2) 地毯表面谨防利器刮蹭及烟头烫伤。
(3) 地毯出厂时大都做过防蛀处理，无须放置防虫剂（对地毯及人体有危害）。
(4) 地毯上的撒落污渍，应及时清洗，时间长了将难以去除。
(5) 地毯铺上一段时间后，会有大量细菌及一种叫蜱螨的生物大量繁殖于其上，直接危害人体健康，所以应定期二至三个月进行全面清洗消毒。
(6) 为了不把尘土带入地毯区域，应在入口处设置去尘毯垫。

另外，地毯与化学品接触后，可能会产生化学污渍或出现褪色，故此要避免地毯沾染一般常用的化学品，如强力清洁剂及护肤品等，此外，地毯不能长期受阳光直接照射，否则会出现褪色的情况。

地毯需要经常吸尘，因为尘埃藏积在地毯内，会对纤维造成磨损，并且使地毯的颜色变得灰暗，在楼梯、大厅、走廊和走动频繁的地方，每周应吸尘两至三次，卧室也应至少每周吸尘一次。

13. 边边角角，玄机无限——暗藏式，省空间

Project Information 项目信息

设计：
上海五四国际设计 谌建奇
改造亮点：
书房兼客房、转角藏双柜、移门收纳电视机
设计风格：
都市奢华风
主体色调：
中性色

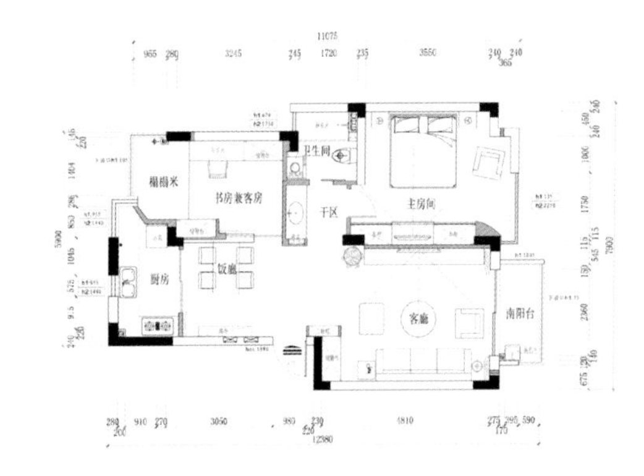

李先生对生活要求很高，
故迟迟没有找到另一半。
家里人十分着急，早早为他购置了婚房，
要他赶紧装修。李先生前后与好几位设计师沟通，
都不满意，索性将房子的事放在一边。
去年他换工作，正好有个时间空档，
又开始忙装修的事，这回运气不错，
总算碰到合意的设计师，原来品味时尚的李先生
喜欢中性风格的家居，
简约中带有新古典奢华意味
才是他的心头所好。

转角藏双柜

李先生的婚房是老式二手公房，面积虽小，但房型不错，两室两厅，南北通风。设计师在房型改造方面很花了一番心思。首先是进门处的储物设计十分巧妙，设计师利用一段不能移动的承重墙体，因地制宜地打造成一个储藏衣物壁橱，然后利用壁橱的宽度在一侧加建一个薄薄的鞋柜，如此一来，一个小小的转角空间就被充分利用，让人拍案叫绝。不但空间规划巧妙，衣柜和鞋柜还分别采用了不同材质和风格的柜门，从不同角度观察，会得到不同的感受，给人造成一种错觉，避免了呆板单调。

移门收纳电视机

李先生所向往的新古典奢华必须是简约的，落实到细节，他的种种想法甚至让一般人觉得难以接受。他提出希望让卧室里的电视机“隐形”，“电视机对着床，风水不好，但睡前看看电视却是一种生活习惯”，对此，设计师通过一扇滑动移门完美解决了这个问题。移门打开，只见大大的液晶电视机安置在嵌入式衣柜内，看电视和衣物收纳两不耽误，移门一关，立刻还原为干净利落的空白。移门设计还被巧妙运用到了餐厅与书房之间，移门一则，设计师另筑起一道隔墙，方便摆放餐桌，让就餐感觉更为舒适。

Tips:

什么是隔墙?

分隔建筑物内部空间的墙。对隔墙的基本要求是：自身质量小，以便减少对地板和楼板层的荷载；厚度薄，以增加建筑的使用面积；并根据具体环境要求隔声、耐水、耐火等。考虑到房间的分隔随着使用要求的变化而变更，因此隔墙应尽量便于拆装。

Tips:

隔墙有哪些类型?

一般有如下几种：轻质量砖、玻璃砖、玻璃、木材、石膏板。隔墙材料须考虑防火、防潮、强度高等诸多因素。

A. 玻璃砖。一般用来做厨卫墙的隔断，防水、防火、透光，适合用在厨房、卫生间，既可抵御潮气又可以给房间带来自然光线。如果觉得玻璃砖太贵而选用别的材料时，也要注意其防水性能，可在上面涂上防水涂料或粘贴瓷砖来加强其防水性。

B. 石膏板。在花纹装饰上有很大的创造性，富有立体感，而且防火性能优越，价格也比其他材料便宜。消费者在选用石膏板做隔断材料时，可从设计、手工和饰面处理三方面入手。石膏板的设计可按照需要灵活定制，风格多样，但对装修手工艺的要求较高，应找专业的装修队伍来施工。

在这里，书房和客厅的关系很玄妙，既开放又互不影响，全因隔断。

14. 恬淡心境——阳台巧利用

Project Information
项目信息

设计：
上海五四国际设计 谌建奇
装修风格：
酒店式简约新奢华混搭风格
装修方式：
半包
建筑面积：
99 平方米
家庭成员：
一家三口
职业：
白领

成熟稳重的“黑”邂逅了雅致的“白”。
黑与白的碰撞，简约与中式的匹配，擦出了混搭。
恬淡如风般清新，似乎有丝丝清凉的风迎面吹来，
像一幅长在海上的风景，处处是恬淡心情。
简洁明了的线和面配以新奢华风的家具，
又搭以柔和温馨的色调，让空间在简约中升华，
似酒店而非酒店混搭风格的家，耐看、耐品，久而不腻！
城市的噪杂，生活的纷扰，让人无处可逃，
而恬淡是唯属于自己内心的一块净土。
一点雅致，一丝奢华，一分清新，
那就是一个人的恬淡心境。

设计巧挪位：
将原北阳台一半改成了现在的厨房空间，一半改成了客卫的淋浴房；原来厨房位置变成了现在的餐厅；原南阳台纳入到现在客厅部分。

这是一个搭配比较柔美的空间，其中的线和面充满着简约时尚的味道，比如缺角的顶角线、电视与沙发背景墙、吊顶，其中的点是华贵典雅与简约的互相点缀，如沙发、茶几、吊灯、装饰画。而色彩却张扬着现代感，奶奶的咖啡色与淡淡的米色或纯纯的白色，为柔美而细腻的酒店式混搭风元素涂抹上了一层淡妆。
餐厅带有欧美风情的壁画墙是很让人驻足的地方，餐桌也有着与客厅沙发一样的华贵典雅，吊顶则采用简单的手法来实现，吊灯与餐桌椅相呼应，增添了许多层次动感。

设计师通过后期的软装搭配设计，营造了一份恬淡心境，彰显了主人的生活品位，亦表达了每个人心中的一个追求……

主卧成熟优雅。平坦的顶面，给人四平八稳的感觉，圆润的水晶吊灯也看着很柔和温婉，整体的色调都迎合着这张舒适的大床。深咖色的窗帘，让整个房间在色彩上面的层次感更强，房间的墙纸在彰显着点点雍容华贵，却被清新淡雅的大床给掩盖，边桌在显示着它的可爱。窗外矗立的仿佛不是高楼大厦，撩开窗幔，看到的是一片宁静的大海。一切都是那么的清新自然……

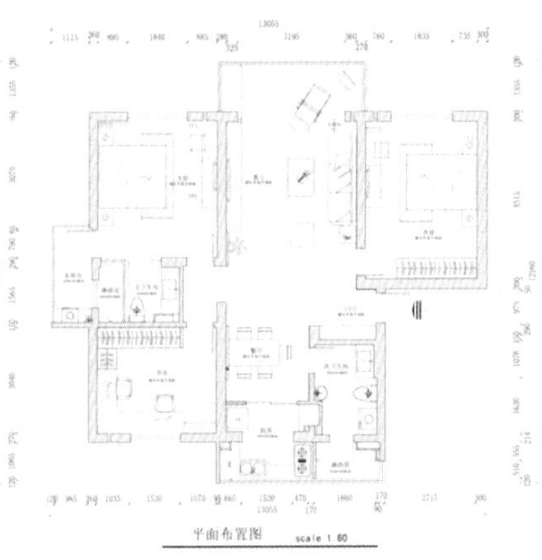
平面布置图
scale 1:60

15. 撞色好心情——多种风格的混搭乐趣

Project Information 项目信息

统帅装饰　首席设计师　张欣

中式、现代、地中海混搭

从整体表现到局部，从局部反映到整体

“不是我花心，
也不是挑花眼，
是我在等一个最合适的。”
三十五岁才结婚的阿峰自有他的情感理论：
“你不会一辈子只爱一个人，
和你相伴一生的那一个不一定是最漂亮的，
不一定是最温柔的，
但一定是最合适你的那一个。
她可能会有你昔日暗恋同桌的羞涩，
昔日大学初恋的机智，
当年创业伙伴的耐心与毅力，
她是最适合你的那一个。”

很难说究竟是从何时起“混搭”家装风格开始出现，这个时代我们大概是都乏味了一种模式，需要尝试把更多所钟爱的元素集合起来才能满足我们那挑剔的感官神经。“国外国内的跑，家居风格看得多了，你会为很多元素动心，对未来家的勾勒也会越来越丰富、越来越混搭。这和恋爱一样，我不是风格的专情者，合适的、让我动心的，才是最好的。”阿峰说。

三种风格的大胆混搭

阿峰遐想中的家，永远是一道美丽的风景，它的色调因风格而丰富，它的造型因混搭而多变，墙上黑白的老照片，顶上怀旧的小吊顶，还有这些古朴的家具，每一组搭配都是细腻婉约的艺术品。阿峰把中式、现代简约和地中海三者巧妙搭配，营造出不一样的个性空间。

宽敞的客餐厅看得到多种风格、色彩的混搭，装饰墙面及背景墙的墙纸使用条纹式样。绝大部分墙纸的缺点是过于平面，但是这里设计师选择了色彩节奏的快速变化，用深浅黑白的效果达到视觉凹凸均匀的立体感。其余墙体应用米黄色涂料的拉毛处理，拉毛后的墙体有点小小做旧的感觉，带来西班牙风格的粗犷感，与室内中式怀旧的家具相得益彰。

而两间卧室分别为现代混合地中海及现代混合中式风格，一面是宁静蓝中的舒适摇篮，一面是香艳红中的中式柜，两种不同风格的卧室共处同一屋檐下，只待阿峰细细品味这别具一格的独特混搭风。

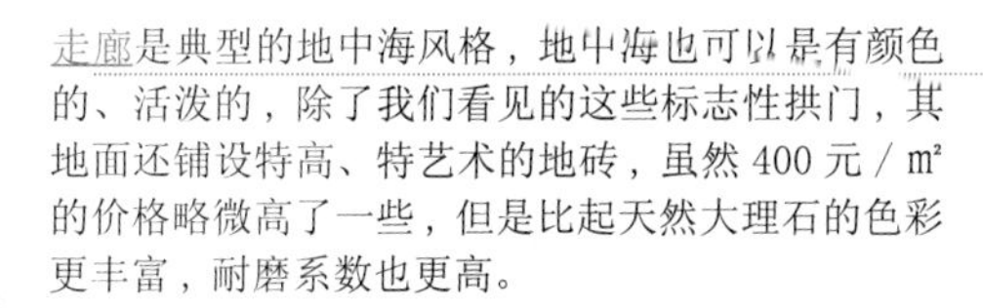

走廊是典型的地中海风格，地中海也可以是有颜色的、活泼的，除了我们看见的这些标志性拱门，其地面还铺设特高、特艺术的地砖，虽然 400 元 / ㎡的价格略微高了一些，但是比起天然大理石的色彩更丰富，耐磨系数也更高。

装修放大看：

漂亮的吊顶工艺细节

房间的挑高在 2750 ～ 2800mm 之间，去掉 280mm 的中央空调高度，在自然的挑高处用细木工板作为基层，喷上白色饰面漆做成吊顶，以减少两边的落差。在铺上细木工板后，再运用现代简约的十字型吊顶，以它交错的层次减少顶部的下压感，并增加立体效果。

16. 道禅意 和风境——简约风里的清凉禅 + 餐厅

Project Information
项目信息

设计：
云啊设计
户型：
二室二厅
风格关键词：
简约 东方风格
主要材质：
原木
主体色调：
原木色、素色

梁思成说，
我们有传统习惯和趣味，
室内的书画陈设，室外的庭院花木，
都不与西人相同。我们不必削足就履，
将生活来将就欧美的部署。
云啊设计总监邵斌说，
我要在西式简约风里，凸显东方禅。
一番精心设计之后，
简约的房间变得和风拂面，
禅意袭人。

据说现代人得“初老症”的多，
年纪轻轻却心智成熟。
这些人，大多热爱东方禅风格。
传统的中老年人大多也不排斥禅风，
日本人等东亚人种，禅风也是他们的心头好。
因此，东方意境的“禅”风格在亚洲有着
很好的市场和口碑，DIY 也不容易走样。

东方·木色系

木材在禅意风格家居中向来有着举足轻重的地位，在这套设计的木材运用中，我们同样可以发现设计师对这种文化传统的继承，木材在整个空间里占了很大的分量。

禅意茶道间

将书房靠近窗户的地方设置成茶道间，小小的地台区分出书房区和茶道区。以日式茶道“和、静、清、寂”的精神为旨趣，应和低矮的家具和木色的储物地台，别有一番静逸。

Tips:

禅意净韵色彩攻略

(1) 怎么避免大面积白色带来的单调感？

对于墙面选色来说，米色和白色有着难得的素净气质。淡雅自然的米白色调，能在你的居室空间营造出超然的格调，并一扫中式的沉闷，打造出禅意纯净的新中式气韵。在房间中大面积使用米色或白色墙面容易单调，你可以使用跳跃色的局部点缀：客厅沙发上的红色靠包宛如中国水墨画上的那枚红色印章，小小一点却起着牵动全局的作用，打破白色带来的单调感。

(2) 现代的西式家具，如何营造东方禅韵？

其实，东方的禅韵，并不一定要用佛像和东方古典家具来表达。家具可以是西方的，但那个节奏、那个氛围，却完全可以是东方的。需要把握住一些独特的节奏。一个最朴实的靠垫、一个最简单的瓶子，在重复和延续的摆放中，自会有一种禅韵的节奏出来，给人带来安定与沉静的感受。

(3) 木色的家具和素色的软装，会单调吗？

素色并不意味着是白色。只要把握住大的色系，你可以充分进行色彩的过渡：浅棕色的地毯、米色的窗帘、月白色的桌旗。银色的靠垫……细微而讲究的色彩变化，能让素色不寡淡。当然，不妨再选一两样具有东南亚艳丽情致的小点缀，几个五彩的蜡烛、一枝粉艳的兰花，都会点缀得整个素色空间都活跃起来。

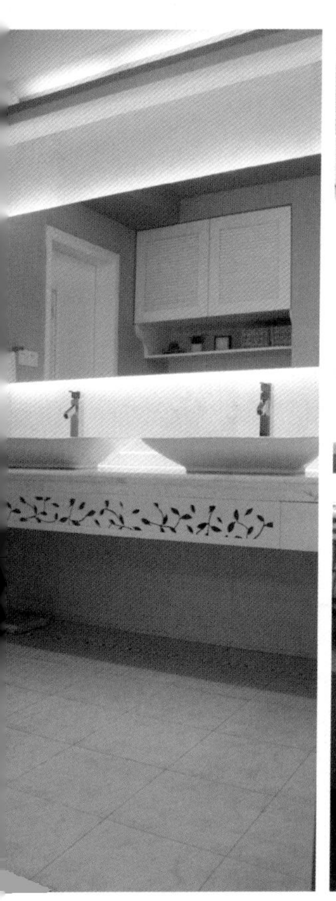

17. 客随主“变”——不同氛围的功能区分

Project Information
项目信息

设计：
D6 设计
户型：
二室二厅
材料关键词：
水晶灯、黑晶玻璃、文化砖、户外杉木地板
主人：
中年夫妇 + 未成年人一名
设计亮点：
水晶灯、弧形阳台、个性书柜
主体风格：
混搭（休闲风 + 南亚风）

杜先生夫妇已四十出头，
依旧是甜蜜松散的二人世界。
儿子住校偶而回家。杜先生在生意场上多年，
自有固定的生意人脉、朋友圈，
和朋友在家中推杯换盏，一聊就是一晚上。
而杜太太是个闲云野鹤的性子，
有一搭没一搭上着班，和一起美容的小姐妹
泡泡茶楼聊聊家常就这么闲散一日。
于是，设计师在客厅和阳台
分别规划了两人的会客区。

餐厅区域除了同款水晶灯外，更选择大面积的黑色玻璃装饰墙面，夜晚觥筹交错之季，水晶灯的光辉在玻璃的反射下更加奕奕生辉。

黑色华丽风

客厅、餐厅和书房都在装修时兼顾杜先生的需要，加入了略带庄重感的黑色系，而在材料的运用上，更选择了诸如皮草、黑晶玻璃、水晶吊灯等带有光泽和华丽质感的家具与软装。客厅的皮艺沙发与木框架结构巧妙结合，既延续了房间棕色调的温馨感又不失气派。搭配水晶吊灯，更显华丽。

而书房则通过书架每层的照明，给房间带来非凡的装饰效果。这个书房和整个家有着极度的不协调，一看就是热爱 COSPLAY 和玩偶的年轻人布置的。没错，杜先生夫妇的宝贝儿子今年 15 岁了，正是迷恋时尚和追星的年纪。这方小小天地原本不是这样的，和家的其他地方一样，平淡质朴。而小杜买了很多红色和白色的盒子，一来是放他闲置的玩偶们，二来浓烈的红色也为这片小天地带来了勃勃生机。窗帘本来是老妈选的，小碎花，小杜看着怪怪的，把一面墙壁贴成了同色的条纹，以显得更加男性化和现代感一些。

休闲会客区

餐厅另一边，精彩的弧形阳台区域被进一步扩大，成为一个休闲会客区。文化石和中式家具让这个空间清心静气，古韵盎然。而户外桌椅、杉木地板则强调了休闲和舒适的感觉。杜太太常常在这里会客，可以边喝茶边观赏小区最佳的景观。两人各取所需，各自拥有喜欢的情调与独立的会客空间。

Tips:

水晶灯如何保养

水晶灯使用后应定期保养，一般一年保养一次，保养时应先切断电源，再将水晶制品卸下，去掉金属连接件（金属连接件应定期更换，不能重复使用，重复使用会有水晶掉落的风险）。

先用洗洁精加入清水逐个洗涤，当水晶面角无污垢后用清水清洗两遍，直到水晶洁净为止，清洗时请勿将水晶一起倒入水中，防止棱角擦伤。清洗后捞出放置于报纸上，待水干后用报纸逐个进行擦角，直到水晶棱角分明，光彩夺目为止。随后检查线路，更换旧灯泡，对灯架除尘，擦洗两遍，待灯架明亮光洁后，用抹布涂上缝纫机白油，对灯架进行养护。严禁使用食用油及机油。挂水晶前，地面应铺上毛毯，防止水晶掉下损坏家具、地板。挂水晶灯时工人应戴好手套，待水晶挂好后，检查有无手印遗留，然后用餐巾纸擦掉留下的痕迹。打开开关亮灯 30 分钟以释放水晶中遗留的水汽，随即，一盏焕然一新的水晶灯就展现在您面前了。

18. 让地面成为风景——蜡笔色仿古地砖巧拼贴

Project Information
项目信息

户型：
二室二厅一厨一卫
设计：
杭州麦丰装饰设计有限公司
建筑面积：
72 平方米
主体风格：
地中海混搭
工程半包造价：
6.5 万（含 1.8 万家具制作）
流行关键词：
蜡笔色
主要用材：
仿古砖、马赛克饰、面护墙、进口墙纸

邓磊向往托斯卡纳的阳光，
才去了一趟意大利便开始迷恋
悠闲的乡村田园风情，
将自己的家打造成了
原汁原味的地中海田园风情。
有朋友笑他，把阳光搬进家，
难道不嫌刺眼吗？
可他觉得，南方如此阴郁的天气，
更需要把阳光"请"进家，
即便知道是假的，
看着也舒服。

仿古砖的精彩

地面是室内面积第二大的区域，邓磊在装修时对它花的心思，几乎比墙面还多。逛家居店时，表面带着斑驳色彩的仿古砖让邓磊眼前一亮，与以前色彩单一、纹理人工痕迹明显不同，新型仿古砖在花色与拼接方式上都给人带来了不少惊喜。仿古砖不但表面能够呈现出类似石材风化后的斑点，还运用木材、碎石与瓷砖混搭，拼搭出更加接近自然气质的肌理与手感。“就是它了！”邓磊当场决定除了卧室之外，其余空间都铺上仿古地砖。与设计师一起选择了几种花纹与色彩相近的仿古砖，而且在细节的处理上，不但让地面显得多样，还起到了区分空间的作用。

进门处，仿古瓷砖拼贴在地面产生丰富的视觉效果。而在玄关等位置的拼花效果与菱形铺法，更具有优雅的线条感和变化感，美观别致。

更妙的是，在客厅的沙发位置下，更选择相同大小不同色泽的仿古砖，拼贴出“地毯”的效果。白色小砖和棕色仿古地砖同样用拼花的效果铺成，为沙发区域点缀出怀旧的情怀。中间的棕色地砖拼花后，更不忘用同色条纹花砖做了铺贴方式的分割线，让地面的变化更加丰富。

除了用仿古瓷砖拼花打造地面效果之外，邓磊更用色彩斑斓的仿古墙砖打造厨房的背景墙，让厨房充满自然又复古的新古典主义韵味，雍容雅致、惬意温馨。

Tips：

仿古花砖出彩方案

如果仅仅认为仿古砖只能让地面更接近自然，那便是大材小用了。仿古砖除了正常规格的地砖，还有花色繁复的花片，小巧精致的花片既能让色彩略显深沉的地砖多了跳跃的元素，还能用来巧妙区分空间的特定区域。

(1) 随意混搭大砖

之字型错位的拼贴方法可以让小花片与任何一款大砖相搭配，不用任何切割就打造出花砖效果。

(2) 制造地面“边框”

仿古砖的花片拥有得天独厚的“隔断”功能，仅仅利用水平面上的不同色彩与花纹，就可以实现空间的划分。例如将客厅的某一角落设计为休闲区，简单地摆放休闲椅不免显得散乱，而在地面用色彩不同的花片就能实现这个区域的“独立”，自然地圈定出休闲空间。

在茶几底下铺地毯是很多家庭用来规划客厅沙发区的常用方法，若在茶几周围的地面用仿古砖花片“围”起来，立刻就能打破常规，让沙发区别具特色。

(3) 点缀厨卫空间

面积较小的仿古砖还可以用来装饰洗手台、墙面镜，除了中线拼贴制造腰线功能外，色彩由浅及深的瓷砖能让空间比较狭小的卫生间显得层次分明。尤其是铺设后剩余的地砖，不妨裁切为面积较小的瓷砖，用交错铺贴的方式代替过门石，也更有一番风味。

跟我学：

今季流行蜡笔色

每个孩子都会有形形色色的童年玩具，但一定会有一盒七彩斑斓的彩色蜡笔。有着糖果般诱人色泽的蜡笔，在孩子的手中描绘着奇特的梦想和曼妙的未来。色彩缤纷、心情大好的迷人春夏，和最亲近的爱人一起享受美好的假日吧！房间和家具也要美美的，粉嫩蜡笔色单品最擅长用色彩描绘童真时光。既有孩子气，又不乏华美感，就像沉睡在花丛中的小仙女，不忍将其叫醒。

蜡笔色的重点：

色彩的选择和涂抹方法，这种色彩搭配的灵感源于日常生活，天空的蓝色、太阳的黄色、夕阳燃烧时的紫色和橘色、花园中的粉色、绿色……不同的色系，看似毫不相干，但很自然就能将它们融合得恰到好处，而我们要作的也正是如此，就像用蜡笔画画一样，五颜六色但仍然让人感觉舒服。

至于涂抹方法，施工时可让泥工随意涂抹而无须铲平，以显示自然笔触。

对于初学者来说，可以先运用两种颜色开始练习蜡笔色，例如在米色的环境里，放置一点淡蓝色，如一个靠垫，只是一点点的色彩变化，就会营造完全不同的感觉。

注意：

(1) 蜡笔色如果在冬天使用就会让人大失所望，因为色调过于黯淡，让人无精打采。

(2) 蜡笔色最容易出现的问题是过分的孩子气，行之有效的解决方案是，让冷静与可爱恰到好处，如有一块饱和度高的色调（如桔色）则能有效地衬托出成熟的感觉。如果要体现知性味道，运用粉色或珍珠色等暖色系，就能缔造雅致的氛围。

19. 韩风田园梦——护墙板玩跨界

Project Information
项目信息

户型：
二室二卫二厅
设计师：
杭州麦丰装饰设计有限公司 杨素叶
主体风格：
都市田园
建筑面积：
104 平方米
主人：
三口之家
工程半包造价：
9 万（含 1.8 万家具制作）
主要用材：
仿古砖，墙纸，铁艺，护墙板，防腐木

这套二室二厅的房子
是一家三口的甜蜜新居，
女主人喜欢休闲的家居环境，
自然的实木与布艺带来温馨温润的感觉。
整体装修以乡村田园风格为主，
同时也混搭入一些美式的元素，
让家更为温馨丰富。

护墙板的跨界应用

客厅以护墙板搭配墙纸的传统形式作为墙面装饰，但一些小小的细节让这个常见搭配变得略有不同。中间的腰线衔接将上下区域进一步强调，而两盏看电视时开的壁灯带来视觉的对称性，给客厅沙发背景墙增添平衡的美感。

而与沙发背景墙相对的电视墙上，护墙板变为横条铺贴，在拱形造型之内拉宽视线，与宽幅液晶电视一起制造出广阔的观影视野。

如果说客厅的护墙板还算是中规中矩的应用，那么同样的材料到了餐厅就变得不同凡响了。整个顶面都用护墙板材料作为吊顶，并沿假梁做了斜面处理，与木色仿古吊扇搭配，更添田园感。而从顶延伸而下的上半部分墙面也应用了护墙板材料，下半部分则使用乳胶漆。这种反转式护墙板组合给人耳目一新的效果。

木色休闲露台

设计师还在露台这个角落安排了篱笆、圆桌以及各种绿色盆栽，让休闲成为一种生活常态。

Tips：

恋恋仿古砖

在这套房间的地板设计中，漂亮的仿古砖拼贴出效果非凡的地面，为田园风格加分不少。

【什么是仿古砖】

仿古砖英文为 RUSTIC TILES，是仿造以往的样式做旧，用带着古典的独特韵味吸引着人们的目光，为体现岁月的沧桑、历史的厚重，仿古砖通过样式、颜色、图案，营造出怀旧的氛围。

【仿古砖的主要规格有哪些】

主要规格有：60×240mm、75×300mm、100×400mm、400×400mm、500×500mm、300×600mm

【仿古砖的主要色调】

今季流行带有小清新的蜡笔色，即饱和度不是很高的颜色，这些颜色虽然色彩很多，但是很好搭配，适合色彩入门者。

【仿古砖适合怎样的风格】

在欧美田园古朴风格、西班牙风格，以及地中海风格中较常运用到。其中西班牙风格多见华丽的色彩和复杂的花纹，美式乡村风格更多使用大规格仿古砖，颜色以米色、棕色居多，而地中海风格则以蓝色和白色小砖为主。

20. 让经典成为流行——ART DECO 和波普混搭之道

Voyage de la France
cherche met le voyage de la France qui commence
pour toujours he pent pas outlier que la France Paris
itait belle trop la tour eiffel

从法国商学院学管理回来的张霄，
崇尚黑白的简练现代，
又偏爱怀旧精致的家居感觉，
设计师选择了 NEW ART DECO（新装饰主义）
和波普风这两种家居风格相融合，
从而很好地将前卫与精致融合在同一空间之中。
张霄梦想把埃菲尔铁塔搬回家，
他告诉设计师，
一定要满足他这个不小的要求。

Project Information 项目信息

户型：
二室二厅

设计师：
杭州麦丰装饰设计有限公司 赵岚

建筑面积：
99.4 平方米

主体风格：
现代简约

流行关键词：
碎花、波普、黑白、纯色、蕾丝感

设计亮点：
餐厅贴纸

工程半包造价：
6.6 万（含 1.8 万家具制作）

主要用材：
木纹抛光砖、雕花板、墙纸、灰镜、强化地板等

一点点 ART DECO

华丽的花纹、复古的图案，经典的色调，客厅和卧室在怀旧与现代中演绎出 NEW ART DECO 的视觉盛宴。从墙纸到镂空花板，再到水晶灯的搭配，都将 NEW ART DECO 风格进行到底，给简约的房间带来复古的精致柔情。隔断被漆成了纯净的白色，仿佛女子的蕾丝吊带，一点点性感，呼之欲出。可能设计师是女生的缘故吧，这种小女人的打扮在房子里用绝了，如：厚重的苏格兰田园风格的暗色碎花窗帘对比白色的大环境，暗色素雅的墙布用以匹配偏米棕色的卧室地板和床垫。设计师说，白色很跳跃，需要用深色或者花型来衬托，不能白茫茫一片，那样太无聊了。

这套房子非常简单，并无多余的东西，就连直角飘窗也被用作了兼看书、晒太阳、泡脚等多功能的台子。房间墙壁被刷成了柔和而淡雅的紫色。而比起家居设计来，摆在这套房子里的家具更让人感兴趣。书房里波普风十足的椅子出自名家设计，为空间加分不少。设计师希望通过这些家具来营造经典的氛围。

一点点波普

埃菲尔铁塔几乎是工业感现代建筑的鼻祖，设计师将它画在墙上，让人迷醉的黑色线条带来令人意想不到的怀旧波普效果。用餐之余看看“铁塔”，仿佛又回到从前。他和太太YUKI就是在埃菲尔铁塔下认识的，那时候他是学生，太太是来巴黎旅游的。他也是在铁塔下向太太求婚成功的，因此，这段和铁塔的感情很特别。张霄有点小浪漫，经常会买当初送给太太的粉色玫瑰放在“铁塔”前，用以表示爱情之花在铁塔下长盛不衰。YUKI每每看到这束花，心情大好，也会给他做更多好吃的。张霄的哄老婆方式真特别！

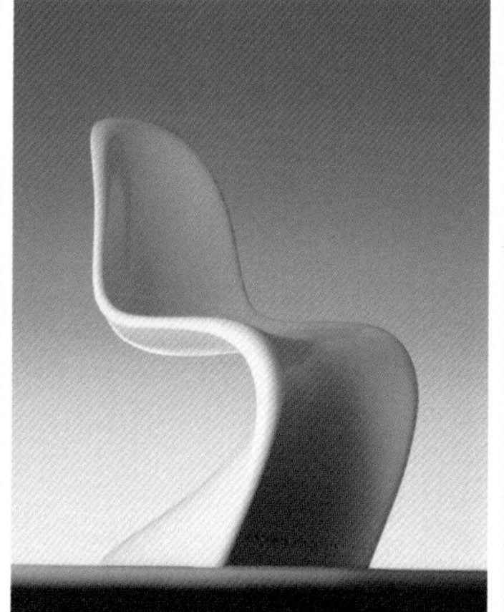

家具放大看：
潘童椅

设计师：Verner Panton

诞生于1960年的这把如同街头雕塑般的椅子是丹麦设计大师Panton最著名的设计之一，也是椅子设计史上第一张没有后脚、由头到尾如一张塑料薄片般轻巧的椅子。按照人体工程学设计的流线型外观让简单与舒适兼备，充满波普意味的外观和曲线，让它成为六十年代最让人迷醉的前卫设计之一。

装修关键词：
集成吊顶

集成吊顶是金属方板与电器的组合。分取暖模块、照明模块、换气模块。安装简单、布置灵活、维修方便，成为卫生间、厨房吊顶的主流。为改变天花板色彩单调的不足，集成艺术天花板正成为市场的新宠。

Tips：
集成吊顶安装步骤

(1) 精确测量安装面积，做好安装准备。
(2) 安装收边线。
(3) 打膨胀螺丝钉，悬挂吊杆。
(4) 安装吊钩，吊顶装轻钢龙骨。
(5) 把安装好挂片的三角龙骨紧帖轻钢龙骨垂直方向，在轻钢龙骨下方。
(6) 将扣板压入三交龙骨缝中，确定互相垂直。
(7) 安装电器。

21. 年华似水声——日式风格的中式演绎

Project Information 项目信息

户型：
二室二厅
设计师：
杭州麦丰装饰设计有限公司 孙王陈
建筑面积：
96 平方米
风格：
简约 日式混搭中式
施工方式：
工程半包，不含家具制作
主体风格：
混搭（和式 + 中式）
主要用材：
安曼大理石 洞石 艺术涂料 墙纸

魏先生夫妇购买的一百平左右的空间，
两人住着不觉空旷，
六人聚会也未见拥挤，
正是现在购房面积的主流。
除了地段、面积、户型的中庸之道外，
风格上也想闹中取静。
在这百平左右空间中搭建中式风格未见不可，
但两人更偏向于混搭简约的生活方式
与日式的沉静禅意。

简约客厅的中日混搭

大气、四平八稳和对称感是中式的精髓，而简单、质朴、与自然接触是日式的特点。其实日式的禅风意象与中国内敛沉稳的气氛有着极为细腻的联系，在客厅中作出了恰到好处的融合，为生活增添朴实无华的恬静想象。客厅由日式禅风融合了中式沉稳的意念混搭格调出发，深色简约的家具带来稳重的质感，而浅木色的地板则让整个客厅沉浸在一股清浅自然的氛围中。滴水观音落地盆栽在窗帘的衬托下更显得清新、自然，充满诗情画意。

禅意餐厅的古朴风情

日本和式建筑讲究空间的流动与分隔，流动则为一室，分隔则为几个功能空间，空间在开合中让人静静地思考，禅意无穷。 颇具禅味的木格门将餐厅与厨房相隔，而鱼缸又将过道和餐厅分割开，在通中有断的间隔之中，为餐厅带来了无限变化。

传统隽永的和室回味

一期一会的茶道精神，深邃而富有韵味。日本传统的禅、茶道等精神随着日本文化的推广也逐渐被融入到现代建筑中。和室的设计总能够让你感觉轻松自在。既然简洁而舒适是日本建筑的一向追求，和室何妨也改良一番？魏先生不习惯进入和室必须坐在地上的生活方式，却喜欢和室的安详宁静。于是，只在移门上保留了和室的地道味道，而木地板和正常高度的桌椅又让在家看书变得更加符合中国人的习惯。而充满日本风情的简洁格纹纸灯，灯光柔和亮丽，既充满日式情调又环保节能。

22. 头顶洋溢时尚风——菱形镜面吊顶的精彩

Project Information
项目信息

设计：
设计年代
基础房型：
二室二厅
设计后房型：
一间卧室 + 一间书房
建筑面积：
87 平方米
层高：
2.8 米（吊顶建议层高不少于 2.6 米）
主体色调：
米色系，黄色、棕色等暖色调
设计亮点：
菱形镜面吊顶、环形地面、灯光
主人：
新婚夫妇

巧用几何造型吊顶

吊顶装修是家居的重头戏，细微处的用心会给整个家添彩。主人对酒店的气派设计情有独钟，可惜这不足百平方米的空间显然尺度很不同，设计起来容易碍手碍脚。设计师充分领会了这层意思，告诉主人安迪，去买镜子和黄色灯管来，有了这俩法宝就可以打扮得很有酒店范儿。

让天花板也跟上家居装修潮流，将吊顶的细节美化，各处不同的吊顶给房间带来不一样的精彩。

这套房子的卧室很小，都只有个位数的面积，而客厅巨大。大门正对着的厨房非常不雅，被线帘巧妙遮蔽，利用边墙做成一个端景式的圆形吧台。为呼应吧台的形状，将吊顶也做成了圆形，并将地面花纹处理成扩散的圆形，让吧台区域有了如同涟漪般的优美效果。

小窍门：

整体弧形容易浪费空间，而局部采用弧形有扩大空间的视觉效果。
暖色调，如黄色（柠檬黄除外）、橙色、棕色等，具有扩张空间的效果。
镜子也有扩大空间的效果，但建议不要滥用。
利用不同材质和形状的地砖划分功能区域也是不错的办法。

这套算是婚房了，刚结婚暂时不打算要小孩，所以将一个小卧室改成了书房。即使将来有孩子了再改成卧室也不迟，让他从小沉浸在读书的氛围中未尝不可。书房入口为开放式空间，用条纹镜面做吊顶，制造视觉的延伸感，引领你自然地步入书房。而卫浴的干区吊顶则镶嵌复古的菱形镜面，配合闪亮的马赛克和金色的浴室镜，营造奢华的感觉。

Tips：

镜面吊顶如何选：

镜面吊顶既闪亮又能增加室内空间感，也使整个吊顶看上去更有质感，高档、富丽。选择镜面板也很讲究，最好不要选择纯镜面板，这种板因反光度太大，整个顶都装会给人一种不平整感。可以选择马赛克式镜面板，有镜面的效果，又不完全镜面，使整个顶更加美观，弥补了纯镜面板的不足。

菱形镜面吊顶施工注意事项：

镜面吊顶除了通过周围木框架固定外，更需要用胶在顶面固定，以增加安全系数。镜面一般不能直接用玻璃胶，一是因为干得较慢，二是不够牢固。同时使用双面胶加玻璃胶会比较理想。另外需要注意的是你的镜面有多大，大的话最好配合使用镜钉（就是在镜面四周打眼安装）。另外，如果你使用的是多块菱形镜面，如果镜面小而多，那就在连接处临时用螺丝固定，等胶干透后再把影响美观的螺丝去除。

23. 沉静于南亚中——马赛克拼出绚丽家

Project Information
项目信息

设计：
设计年代
房型：
二室二厅
建筑面积：
76 平方米
房型曲线：
走道过长，卧室大而餐厅、客厅小
主人：
70 后夫妇
整体风格：
改良东南亚民居
主要材质：
马赛克、镜面、实木家具
主体色调：
中性木色

省钱之道：

马赛克的价格差异很大，其中西班牙、意大利进口的手工马赛克售价昂贵。手工马赛克色泽亮丽，很薄，大多小面积用在立面，起点睛作用。

其实马赛克拼花运用的是整体混搭的效果，且因地面为易耗区域，用国产或便宜的马赛克未尝不可。

射灯的打法很重要，能让色泽不艳丽的马赛克具有光泽感。

亮点一：

马赛克通道

房型先天不好，进门处正逢深窄的走廊。为了增加步入的趣味，并忽略长长的通道感，这套房子的女主人素素正巧是位服装设计师，依她的建议，在这里设计了一个马赛克的步道，步步生莲的图案让人在走完通道时心中升起澄净的感受。配上几许恍惚的射灯，效果一流。

Tips：

马赛克拼花 DIY

马赛克既可以装饰墙面，也可以装饰顶面和地面。正是马赛克这种可以随心所欲铺贴的方式，让马赛克从选购、拼贴到完工的全过程成为一个十分有趣的经历。每一个人都可以成为马赛克的设计师，将各种材质、颜色、型号的马赛克像拼图一样组合运用，可以拼贴出独特的花样纹路，还可以将自己喜欢的画和自己的照片交给厂家，定做出特别的马赛克画像。

马赛克除了可以单独铺贴墙面外，现在还很流行由上至下的连体瀑布式铺法，比如用马赛克从天花板、墙面到地面一脉相承地用色彩渐变的小型马赛克进行拼贴的新方式，让房间成为一个更加纯粹的艺术马赛克世界。

亮点二：

镜面的放大作用

一放假就爱往东南亚跑，潜水、在酒店躺椅上晒太阳，都是素素的最爱。东南亚的酒店装修大多是实木为主，让人感觉很温馨。于是，素素把这招学回来，要求家里的家具也都是实木的，并且颜色要“沉”。

Tips:

镜子

镜子的用途和工艺很广泛，是现成的立面装饰工具。镜子的颜色、尺寸可根据要求任意加工，内夹金属拉丝、羽毛等都工艺都可实现。

如何清洁镜子：

方法一：可以用醋来清洁镜子上的污垢。

方法二：先用报纸蘸上按 2：1 比例配制的水醋兑成的溶液进行擦拭，再用干布擦干，镜子就会光亮如新。

亮点三：

卧室里的精彩细节

(1) 风情四柱床

主卧很大，层高也高，所以选择了体积感较大的四柱床以压低空间，并配以柔美的纱幔让房间变得更具有女性感。由于传统的四柱床一般体积较大，同时需要摆放在卧室的中间位置，因此就要求卧室的面积不能少于 20 平米。而且对装修风格上也有要求，一般要古典实木家具才较为搭配。

(2) 床尾凳设计

卧室空间较大，所以在床尾放置了床尾凳，以方便每日晨起换衣。床尾凳最初源自于西方，是贵族起床后，坐着换鞋用的。 近年在国内兴起，最主要是因为具有较强装饰性和实用性。而如果选择储物凳的话，则能把床前凳的功能发挥到最大。

(3) 开放式挂衣设计

如果房子其他地方已经打造好了更衣间，但是嫌远，那么在卧室也可以选择这种开放式的挂墙设计的“衣柜”，挂上夜间更换的家居衣裤，让卧室更洁净。不少女性朋友喜欢并采纳这个设计。

24. 妙趣玻璃盒——让家变得更通透

Project Information
项目信息

设计：
松下盛一装饰（上海）有限公司
户型：
二室二厅二卫
建筑面积：
78.38 平方米
装修关键词：
玻璃墙、玻璃门、玻璃移门
设计亮点：
玻璃的通透法则
装修难点：
玻璃的过于平淡和主体不明

郑小姐希望家人无碍的沟通，
更不喜欢房间被隔成一间间小间产生幽闭感。
但无奈面积只有这么点，
难道小二居的实惠价格
永远要和房间的逼仄感紧密相连吗？
设计师自有办法。
倡导构筑中国新型家居环境，
致力于为中国消费者实现家居最大舒适化，
正是松下盛一的服务特色和宗旨。

玻璃盒

玻璃几乎是最接近自然的简约风格材料。它简到可以让你视而不见，任由光线穿过、自然融入。玻璃盒的概念在这间小二居的户型中被放大成一种居住的方式：打破房间与公共空间之间的壁垒，扩大小空间的视觉感受，让目光可以在各个空间中无碍地穿梭。但是，你始终感觉还是有空间划分的，如同是在一个玻璃盒中，通透，却有形。

卧室边的餐厅区域，被玻璃围合出一个额外的书房。而划分出的长长的走廊也因为玻璃的良好采光而不显得逼仄。

不大的主卧，更是通过玻璃墙围合主卫，来营造居室宽敞的效果。

通透空间的储物难题

郑小姐最大的难题就是：玻璃的通透如何与收纳储物兼顾呢？“尽量多的收纳空间”岂不是在玻璃墙后无可遁形？设计师参考了很多港式现代风格的家居后，为客户打造了极富时尚感风格的储物空间，在客厅、餐厅、厨房、书房、走廊等各处设计了风格统一的装饰柜。统一加工厂定制的好处就是既能做到成品家具的挺括与美观，又能满足整体风格的统一。

Tips：

玻璃墙，美观实用能否兼得？

如今隔断技术走入普通百姓家，为了使居室宽敞明亮，看起来比实际面积大，很多小户型装修选择用玻璃和玻璃门代替传统的墙壁与木门，因为玻璃晶莹剔透的性质和装饰效果明显的优势。玻璃隔断和玻璃门深受人们的喜爱，那么它是否安全实用呢？

(1) 安全性

选择玻璃隔断首要的一点考虑使用哪种框架结构，组成结构所使用的金属材料及结构断面是否符合抗侧撞击的要求并通过相关检测。普通玻璃隔断看似简单其实不然。玻璃隔断最好是由强度高、安全性能卓越的玻璃原料来制作，钢化玻璃和夹层玻璃等都能满足要求。但最好的还是市场并不多见的夹层玻璃。这种玻璃的优势在于表面看上去与普通玻璃并无两样，但在意外撞击发生时，玻璃碎片将被牢固地粘在玻璃中的SaflexPVB薄膜上，不会崩溅出碎片，更不会对人身安全造成威胁。

(2) 隔音性

如果在使用玻璃隔断时同时需要隔音与保温，那么最好采用带有中间膜的夹层玻璃。

跟我学：

如何打扮玻璃

玻璃虽然在夏日看来很清爽，但也容易在秋冬季节给人单调、乏味感。因此，用玻璃作为硬装隔断少不了“花哨”的软装。如：在冬日铺上白雪般的地毯或带有动物掌印的短绒地毯，非常可爱，且为空间带来心理安全感。但因为地毯极易长虫，过敏人士或家有小宝贝的朋友们建议选购经济的化纤地毯，只适用一季节，即买即用，天热即抛。购买时候注意胶水是否有异味，是否环保。

玻璃墙不论工艺和色彩怎么变化，本质还是玻璃。要衬托出它的多变，使用射灯、彩灯等是好办法。

25. 重温日剧好时光——实用派的生存法则

谁不希望自己的家与众不同，
开车路过一眼就能认出？
买下这套房子，有一个很大的原因是
爱上它复古的的钻石型外立面。在交房前，
小安一直很享受路过高架时一眼就能看到自己的家。
“看，那幢很特别的房子，就是我家！”
不过，一切皆有代价，超酷的地标型钻石外立面高楼
换来的是“钻石级”纠结户型。
厨房、卧室，都有着奇怪的不规则切面。
谁说“爱造型”就得花银子，就得“不实惠”，
去选个日系设计师来，
相信能化腐朽为神奇！

Project Information
项目信息

设计：
松下盛一装饰（上海）有限公司
房型：
二室二厅
建筑面积：
58 平方米
设计亮点：
利用不规则切面，厨房餐厅二合一
色彩关键词：
白色
主体风格：
日系、简约、清新雅致

专业级“餐馆式”厨房

厨房的房型类似一个三角形，交房时水管和煤气被安排在了靠窗的直角边位置。设计师将操作台移到尖角内，留出相对宽敞的靠窗直角位置安排餐桌椅。

煤气灶位置被安排在厨房中间，独立式烟机成为厨房的一景。在煤气灶的延长线上，更是通过加长橱柜台面的方法变身成餐桌。“这么奇怪的户型，很难找到大小合适的餐桌。这种规划最为合理，既可以当料理台，又可以做餐桌。而且用直接延长的方法让空间利用率达到最大。”而这种设计，正好贴合小安爱吃火锅和铁板烧的需求，“强大功能的烟机就在餐桌边，简直是专业级的餐馆设计，再不怕油烟把吊顶熏黑了！”

把纠结留在壁橱里

卧室是一个梯形，在房间一角有多重的棱角。设计师将这些棱角全部都设计进壁柜中，并通过巧妙的橱柜内隔板设计，将每个切面都利用到极致，并留出中间区域，将壁柜变成了一个步入式的更衣间。

“也算歪打正着、因祸得福吧！如果没有这么奇怪的壁柜形状，按照我卧室的面积，拥有一个步入式更衣间简直就是奢望！”小安说。

跟我学：

如何打造日系空间

日系空间很像日系服装的搭配，很注意层次感和混搭，不要让整体看起来太过甜美或者太过中性。清新雅致、注重层次是其特点。空间特色略显拥挤但格外温馨。

日式卧室门窗宽大透光、家具低矮且不多，让你睡个舒适的美容觉。低矮的木床，素色的挂画，加上窗边舒怡的茶艺角，让你远离尘嚣。浅色系与白色的搭配，简洁的布局，明亮的光线，轻松一直在左右。现在打地铺的年轻人并不多，清馨舒适的四件套风格，自然又迷人。多用原木、亚麻、棉布等材料，天然质感，线条简洁，让你抒情解意，洗净尘埃。喜欢用自然、淡泊、雅静的竹木作植物点缀。

26. 用心捧出爱的弧度——圆弧型公共区域布置要点

Project Information
项目信息

设计：
一滴水
户型：
二室二厅
主人：
年轻夫妇＋独身老人
设计亮点：
圆弧形的共享区域
装修材料：
马赛克、墙纸、不锈钢
单品亮点：
按摩运动版沙发

单亲家庭长大的春舫
喜欢全家围聚的温暖感觉，
有了家以后，
虽然面积不大，
但仍旧将母亲接来同住。
“一家三口围聚吃饭，
每晚品尝爱的温暖，
是最惬意的事。”

不过原先的餐厅户型不但不带来任何温暖感受，更几乎是一个公用通道的感觉，每个房间都向着餐厅开启。平淡无奇的房型，却在设计师手中变成了独具特色的“环绕立体声”。围绕餐厅，将四周的墙变成圆形，卧室、厨房、卫生间干区……环绕型的墙面设计让所有的门都变成了景观。而圆形的餐桌椅和吊顶更是将这种围绕感强调到极致。

春舫很细心，知道老人无聊，爱看电视为乐。但是电视看久了对人的腰椎不好，索性买个带按摩和运动功能的沙发吧。这房子不大，也无处摆跑步机之类，且老人爱静不爱动，所以得“被迫”运动。这个春舫亲自选的沙发是米白色的，除了功能众多外，还真有点棒球队的感觉，为这个小家增添勃勃生机。可是沙发买回来，如何呼应这组有些庞大的运动感的沙发成了难题。春舫怪罪于自己的整体观不强，而设计师说，别怕，找个流线型的茶几就可以。茶几很便宜，才几百块钱，玻璃的，线条上和沙发曲线呼应，材质上却轻重对比。看来突兀的单品下次还可以大胆地买，春舫放心了。

Tips：

圆弧型墙面材料使用 ABC

A. 涂料、马赛克是首选

对于圆弧形墙面来说，除了最容易施工、不受墙型限制的就是涂料了。其次易于施工的，则是马赛克。它可以很好地围绕圆弧墙面做出效果。而对于墙纸来说，最好用于外圆弧，而内包的圆弧面如果选用较厚的墙纸容易不平整。

B. 踢脚线、门套处理

对于和地板配套的成品踢脚线来说，无法用在圆弧墙上，而让木工定做圆弧形的踢脚线价格不菲。所以一般建议使用马赛克或小砖作为踢脚线，以迎合弧线。而弧形的门套则必须由木工或工厂根据弧形定做。

功能比比看：

下柜 Vs. 抽屉

说到橱柜，你首先想到的，可能是开门的柜子。其实，在大开门的柜子与大小抽屉的组合中，抽屉的便利是显而易见的。一般来讲，抽屉有最为合理的功能分区，可以根据存放物品的不同，制作出隔板。抽屉将下柜的储物空间进行了分层，一个地柜的高度被分解成 3 至 4 个抽屉，这样可以减少拿取物品时弯腰的频次和幅度，缓解腰背疲劳，比较适合有老年人做饭的厨房。

不过，抽屉与地柜比较起来，是价格较高的选择。所以不妨用打开柜门后的拉篮来代替。特别是可抽式的碗架，让你不用再伸进柜子深处去找那只需要的大碗。

27. 水晶之恋——寓意感婚房设计

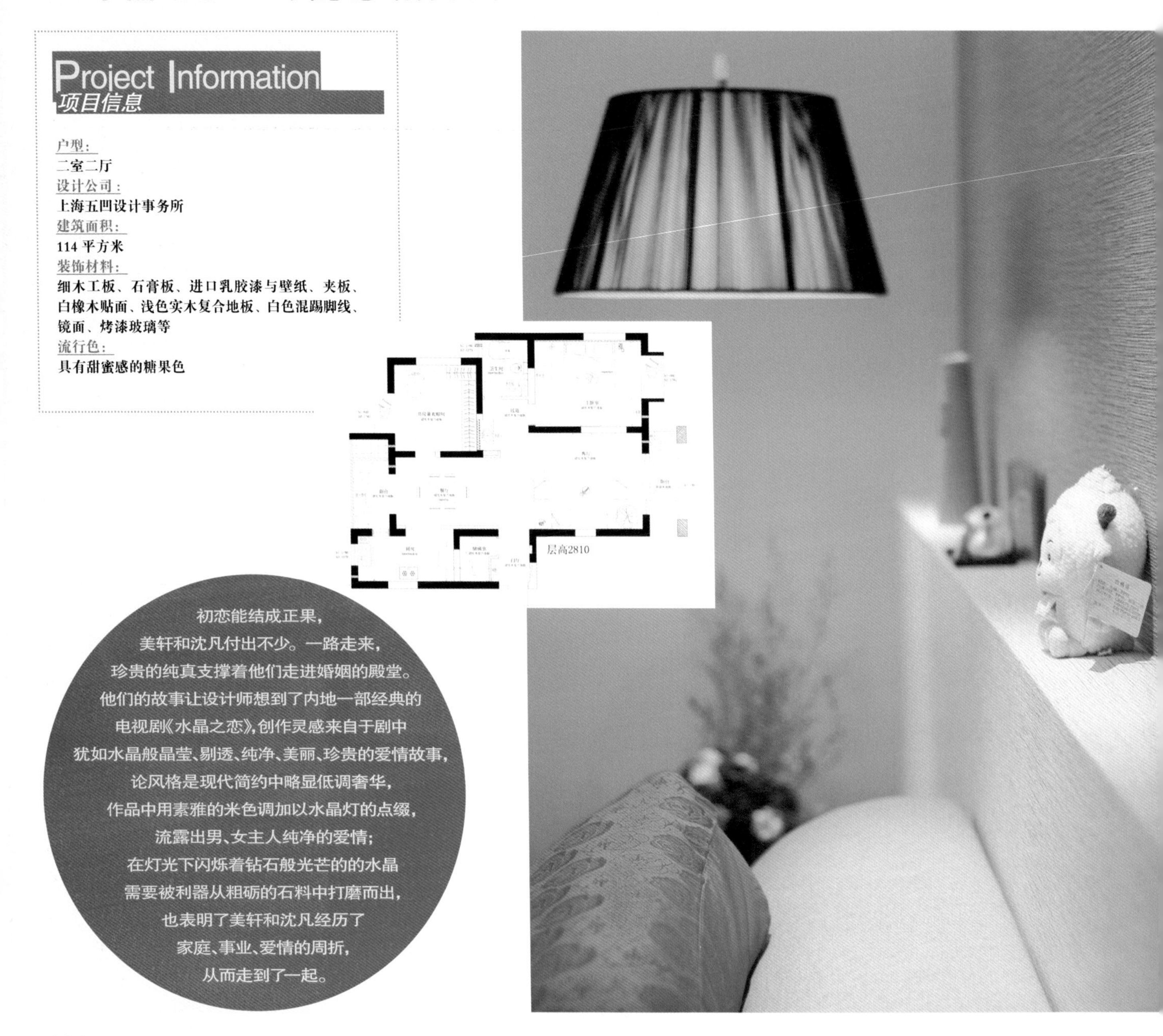

Project Information 项目信息

户型：
二室二厅
设计公司：
上海五四设计事务所
建筑面积：
114 平方米
装饰材料：
细木工板、石膏板、进口乳胶漆与壁纸、夹板、白橡木贴面、浅色实木复合地板、白色混踢脚线、镜面、烤漆玻璃等
流行色：
具有甜蜜感的糖果色

初恋能结成正果，
美轩和沈凡付出不少。一路走来，
珍贵的纯真支撑着他们走进婚姻的殿堂。
他们的故事让设计师想到了内地一部经典的
电视剧《水晶之恋》，创作灵感来自于剧中
犹如水晶般晶莹、剔透、纯净、美丽、珍贵的爱情故事，
论风格是现代简约中略显低调奢华，
作品中用素雅的米色调加以水晶灯的点缀，
流露出男、女主人纯净的爱情；
在灯光下闪烁着钻石般光芒的的水晶
需要被利器从粗砺的石料中打磨而出，
也表明了美轩和沈凡经历了
家庭、事业、爱情的周折，
从而走到了一起。

插在餐桌上玻璃瓶中的百合花在水晶灯的照耀下更显珍贵，预示着美轩和沈凡多年的爱情结晶会百年好合；餐厅的照片墙错落有致，让居室更显几分生活情趣；卧室红色的床上用品，散发着浓厚的喜气，是现代简约的时尚婚房设计范本。

冷与暖

由于简约风格常常会带来过于冷峻的感觉，所以在这套设计中，冷暖的感受也是设计师最先考虑的。在需要更多温暖感的餐厅、卧室，运用了更多的大面积的木饰面，天然的木纹和暖木色调让墙面显得不那么冷硬。餐厅的软布包椅高背椅、客厅的布艺沙发的穿插让相对较“硬”的现代风格家具变得更加温馨。

设计师同样不放过冷暖对比带来的趣味性，卧室背景墙上，木纹床靠与墙纸的纹理对比、深浅色彩的对比，都让墙面变得活泼和亲切，房间的气氛也活跃起来。

28. 有故事的房间——如何让美式装修不老气

Project Information
项目信息

户型：
二室二厅
设计师：
杭州麦丰装饰设计有限公司 陆宏
建筑面积：
110 平方米
工程半包造价：
9.6 万
风格：
简约美式
主人：
一家三口（70 后夫妇 +5 岁女儿）
主要用材：
仿古砖，饰面板，壁纸，实木线
设计关键词：
岁月感、怀旧、大气、美式

装修前，
恰逢公司组织南京旅游。
游至南京总统府，汪先生
对孙中山的会客厅与起居间印象颇深。
“那种沉静而又有历史感的调性
让人觉得房间充满了故事。
坐在沙发边，
好似坐在历史的一角。”

不要新居，不要做旧

汪先生装修时，也特意参照了总统府的风格，却不想有旧屋的感觉："做旧太为刻意了。我想在新房中自然流露出历史感来。"由于房间采光不错，汪先生将沙发后的整面墙都做成黑胡桃木色护墙板，这种旧式的墙面装饰方法给房间带来些许"古意"。而搭配的白色布艺沙发则缓解了这种庄重感，带来家居的随意性。

地板特意挑选了深胡桃木色的浮雕面实木复合地板，自然的纹理与立体感的浮雕面在光线的照射下更加富于表现力，给家带来古典感。再搭配玄关和餐厅的仿古地砖，更让房间流露出岁月的经典感。

在家具款式的选择上，汪先生也向总统府的庄严风靠拢，四柱床给卧室带来大气沉稳的气度。

Tips:

【仿古砖如何挑选】

检测吸水率

检测吸水率最简便的方法就是把一杯水倒在瓷砖背面，扩散迅速表明吸水率高，这样的瓷砖不适合在厨房、卫生间使用，因为厨房和卫生间常处于水环境中，必须用吸水率比较低的瓷砖。质量好的瓷砖用手敲击后会发出清脆的声音，并且同批砖片色差非常小，光泽纹理一致。

尺寸搭配要得当

一般来说，面积较小的空间（如玄关、卫生间等）适合使用小尺寸瓷砖，大空间（如客厅、餐厅等）则使用大尺寸瓷砖。在视觉上，大块砖能使表面扩展，小块砖能丰富小空间，选择仿古砖的面积不能过小，地砖面积至少 500mm×500mm，铺贴在室内才显得视野开阔。

跟我学：

如何让沉闷的房间显得有生机？

不少人喜欢把家装修成“沉闷”的空间，而人的本性是拒绝沉闷的。但“沉闷感”在过去似乎是奢华、气派、排场的代名词，更何况家居不是易耗品，耐脏也很重要。因此选择深沉色调的家庭比较多。

四季更替，如何让家春意盎然？如何让家在冬日温暖宜人？

可在春、秋两季选择黄色植物作为摆设，如春季的迎春花，秋季的小雏菊等都是不错的选择。因为黄色和棕色属于大体同类的色调，比较容易搭配，当然在春季的选择更多，如粉色系的花朵显出青春气息。而在夏季则建议清爽的植物，如发财树、香水百合等绿色、白色等色系植株，尽量避免炎热感。在冬季建议选择红色系的植物，如红玫瑰等，以增加室内的“视觉”温度。

如果你够懒，也可以通过更换靠垫、床上用品等表达四季更换的心情。目前流行的有仿真植物形状的靠垫。总之，气派而有“年纪”的家需要加上人的用心打理才能显出主人的与众不同，避免精装修后千家一面的雷同感。

29. 藏起来的精彩——墙后的隐蔽空间

位于上海西区的这套公寓房，
对于宋先生和陆小姐来说，
是一起开始人生旅程的第一套房。
作为室内设计师的宋先生更是亲自操刀，
由他进行全程的改造和设计。

Project Information
项目信息

设计：
设计年代
房型：
二室二厅

敞开更宽敞

“刚拿到房型图的时候，我们并不太满意，因为进门就是一个小厅，再加上一面墙的阻隔，显得十分局促。”为了能让布局显得更合理，宋先生决定敲掉这面墙，让餐厅变得更开阔，而原本的书房就变成了敞开式。

封闭更私密

这边从封闭变成了敞开，而那边连着卫浴间的客卧则恰恰相反，从连体被拆成了独立式。因为只有一个卫浴间，而门的位置离客卧门太近，使用起来显然不方便，因此就重新设计了浴室门的位置。

除了在结构上宋先生动足了脑筋，在门的运用上，更是暗藏玄机。卧室和卫生间都被一扇扇隐形门给隐藏了起来。

收纳更从容

更让人意外的是，宋先生在设计中还巧妙地“加”出了一个房间。那就是紧挨着客厅的一个储物间，只是房间外的整个墙面用了贴面装饰进行了修饰，让人以为只是一面白色的装饰墙。“有了这样一个储物间，我们再也不用担心家里的一堆衣服和杂物没有地方放了。”

翻新更轻松

由宋先生设计的内嵌式书架不仅充分利用了空间，更特别的是，书架上白色的木框都可随意移动或取下，随时可按心情来个大变样。而书架墙对面相框中的照片也可常换常新，坐在书房里永远都有新的心情。

30. 80 后狂想——肆意泼墨的现代风格

Project Information
项目信息

设计：
D6
房型：
两室两厅附带阁楼
风格：
现代
主体色彩：
黑、白
设计亮点：
岛型餐厅、个性背景墙
居住人群：
80 后建筑师夫妇

80 后，中国第一代独生子女，
时至今日多以成家立业，他们也正在
生活轨迹上创造着属于他们的生活梦想。
他们的家，更肆意，更大胆，更现代。因为一切，
都可以推倒重来。AMY 和 TOM 就是这样的天生一对，
他们是繁忙的建筑师，平日也很少有空打扮家。
谁说设计师的家都很花哨？或许因为职业的关系，
建筑师相比其他设计师来说，总是多一份严谨，
喜欢穿非黑即白的服装，不热爱花枝招展的家居环境。
由于把大把的创意热情都奉献给了工作上的大工程，
自然闲暇时变得不爱“动脑”和“折腾”，
还是应了设计祖父的那些话“实用至上”，
“简单就是美”，他们喜欢泼墨间挥洒热情，
黑白间展示才华。

泼墨·涂鸦墙

国外街头的随意喷漆，被直接应用到了房间里。一个下午，两个人，一罐黑色的喷漆，换来的是颇具后现代意味的泼墨版电视墙。不同的是，黑白两色带来的除了西方的大胆简洁之外，更多了一丝东方的泼墨山水神韵。

色彩是什么？色彩是用来点缀黑白灰等无色系的。比如一小块杯垫，AMY特地选择了绿色，在此显得颇为惹眼。“惜彩如金”大概就是AMY的用色之道。她说：“墙壁本来就是白色的，不用再浪费钱刷颜色了，电器和家具现在流行黑色，因为耐脏，买些彩色的软装来即可把家变得生机勃勃……”。原来好的色调是靠搭配出来的，她果真能省钱。

而墙下，地台式电视柜更与边上的阶梯连接，转而变成漂亮的木平台，将家具延展成为建筑的一部分。

餐厅 • 岛

80 后的厨房生活是什么样的？一日三餐，依然考究如祖辈。但是，这并不代表按部就班的就餐环境。80 后，可以不要餐桌，不要餐厅，但是要有宽敞的用餐环境。开放式厨房延展至餐厅，将餐桌变成一个中央岛。平整宽大的大理石桌面既是料理台又是吧台更是餐桌。一个人在做饭，一个人在看她忙碌并用餐，“吃饭”这件大事情变得如此随意。

Tips：

自喷漆 DIY 涂鸦墙

(1) 什么是自喷漆

自喷漆，即气雾漆，通常由气雾罐、气雾阀、内容物（油漆）和抛射剂组成，就是把油漆通过特殊方法处理后高压灌装，方便喷涂的一种油漆，也叫手动喷漆。

(2) 如何喷出可心画面？

A. 避免流挂

流挂的主要原因可能是：喷嘴靠被涂面太近、喷嘴移动速度太慢或者喷涂环境通风不良、喷涂时各层间闪干时间不足。要避免流挂，需要采用正确喷涂距离（15 ～ 25cm）；保持正常喷嘴移动速度（30 ～ 60cm/s）； 并保持环境通风良好、视气温高低设定相应层间闪干时间（3 ～ 10min）。

B. 起皱、不平整或过厚

原因主要是膜层喷涂过厚或自干条件不良，如低温、高湿天气或通风过度。

所以喷前必须反复摇匀，以避免喷涂过厚膜层，并保证喷漆环境有正常的温度、湿度。 一旦不平整，轻微皱纹待彻底干涸后打磨整平再重喷。

季节性用品巧收纳
——不同功能区域的储藏之道

春去冬来四季更替，每当在一个季节更替时，家里就不免要乱一下。不过如果你家里留有充足的储物空间，这时候收拾起东西来可就得心应手了。安顿好家里各种季节性用品和小杂物，可是对一个巧主妇很重要的衡量标准哦！

什么样的收纳算成功的？通过改善日常的储藏结构，使存拿物品省时省力，同时让主人能享受一个功能齐备而赏心悦目的家。恰当的形式或组合可以节约空间，并为之赋予某种风格。最为有效的储藏结构，是在不耗费更多空间的情况下最大限度地扩大储藏能力。

许多人在家里看来看去，似乎储藏空间就只有壁橱、衣柜、书柜……其实只要精明计算一下，还可以找到新的储物空间。按照物品的不同用途分类整理虽说是一个不错的办法，但如果采用一些巧妙的思路，规划好隐藏的空间，则更能为有限的空间创造更多纳物的可能性，让小空间也能变得整洁清爽。

A 客厅：敞开

要想在客厅创造收纳空间，既能方便拿取日常用品，又要使视觉空间流畅美观，通常的做法是用适合室内风格的收纳柜。一般来说，客厅的收纳柜大都有闭门和敞开两种形式，客厅的高柜通常采取敞开式，比如无门或玻璃柜门，可以收放主人喜欢的收藏品、书籍、CD 等，而闭门式的柜子则可以收放一些要避免阳光暴晒的东西。

敞开式收纳柜更能带给客厅最直观的美感，而它的缺点是容易落灰尘，需要经常擦拭。另外，有的人家将客厅和餐厅设置成半开放格局，用具有储藏功能的收纳柜来分隔空间，这也是不错的收纳窍门。

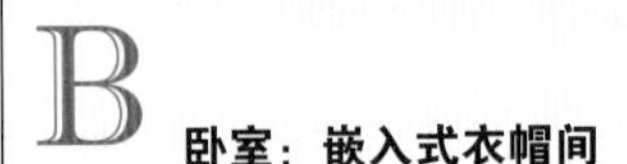

B 卧室：嵌入式衣帽间

嵌入式衣帽间已经不是什么新鲜事物，喜新不厌旧的购物狂家里往往少不了衣帽间来存放一次次心血来潮的产物。其实，独立的衣帽间对卧室面积的要求是比较高的，如果房间本身隔断较多，采用这种形式会使空间更加拥挤，只有在宽敞的大空间中设立独立式衣帽间，把杂物都收纳其中，才能使其美感与实用兼具，使室内更整齐、易打理。

空间利用率高，容易保持清洁。在衣帽间里，为了充分利用有限空间，可用一种可调节的隔板搭出单元，这些单元属于粗放型，可随意组合，灵活性好，可根据需要设置挂衣杆、抽屉、箱子，以便细致收纳。对于面积有限的衣帽间，可以利用已有空间的隔墙，通过一道推拉门，增加衣帽间的防潮功能。

C 卫生间：台盆柜和收纳袋

卫生间虽然不大，但也是容易造成混乱的地方。首先要最大限度地利用台盆柜空间，即使卫生间面积很小，如果安装台式洗面盆，台面下的空间一定不要浪费。另外，浴室里还可巧用收纳袋，换下来的脏衣服不要乱扔，放到两个大收纳袋里，透气的无纺布不会让脏衣服变味。而小小的塑料收纳袋则可挂在墙上门上，放些毛巾等用品，也是保持整洁的好办法。

D 巧用转角，厨房分类

在这个装满杂物的烹饪空间里，不论是食品还是餐具，收纳时都应考虑到实用性及安全性。目前的厨房收纳比较注意隐藏收纳和分门别类，烤箱、消毒柜、微波炉、电冰箱等，都可内嵌在橱柜之间。合理利用转角空间也是一个常用的小窍门。橱柜转角的柜体和吊柜里，其实有很大的空间可以存放东西，因此设计橱柜时就要考虑到这一点，可以将转角空间的柜门设计成弧形，而柜体内则保持通畅一体，这样，小小厨房内也可以拥有充足的纳物空间了，即使东西再多，也不愁没地方储藏了。

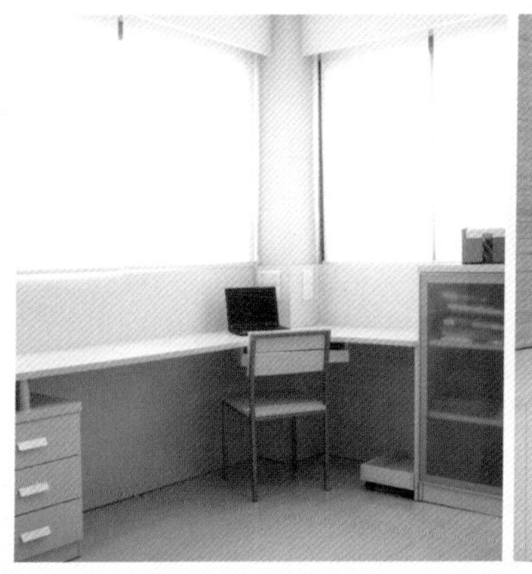

E 边边角角巧利用

走廊主要是解决各室之间的联系和交通问题，只要不影响人的行动或给人压抑感，走廊空间就可以充分利用起来。比如安置吊柜、穿衣镜、梳妆台、挂衣架或放置杂柜、鞋柜等。如果门的一侧是整面墙，还可以把墙壁往里挖，做成衣橱，橱面上再装一个玻璃镜面。这样，走廊也能发挥多种功能，方便人们的使用。

墙角是人们在室内活动时不常接触的地方，在那里设置角架或角柜，既容易固定，又不影响室内活动。墙角处可设置一个陈设台，摆一些工艺品，这种做法比较适合用于门厅、客厅或餐厅的墙角。墙角的处理，其造型、色彩都应该服从整体空间格局，不宜过分强调，以免喧宾夺主。

楼梯居所里最容易被忽视的死角往往是收藏物品的好地方，比如楼梯下的空间，装上一扇门，便成了一个简易的储藏室，里面可以摆上几个储物箱便于分门别类地收藏东西。另外，还可以根据楼梯台阶的高度差，制作大小不同的抽屉式柜子，直接嵌在里面；楼梯踏板也可以做成活动板，利用台阶做成一个个抽屉，当储藏柜用。

F 暗藏玄机的和式

储物空间就是这么“斤斤计较”出来的。如果在不大空间里还要放上大橱柜，难免会让人觉得视线受阻、心情压抑，所以这种将大橱柜横放过来的做法越来越受到推崇。做法很简单，就是把地板抬高，做成榻榻米的样子，下面被抬高的空间就是一个隐蔽的储藏空间，可以把向外的一半做成一排抽屉，靠里的一半做成可以向上打开的盒子，这样一来，取物更加方便。

总之，现在的新房型，从卧室到书房，从客厅到餐厅，甚至洗手间，几乎都会有景观低窗的设计，那就赶快把这些低窗下面的空间利用起来吧！可以把这个空间密闭起来，做成抽屉，形成一个隐蔽的储物空间，或是干脆买几个现成的漂亮盒子，塞在下面，既利用了空间，又享受了纳物乐趣。如果还觉得不过瘾，可以在窗边造一个地台，既能当板凳坐，又能充分利用地台下面的空间存放各种杂物，一举两得。

单品家具的日常保养
——不同材质家具保养之道

由于实木是不断呼吸的有机体，建议放置在温湿度适宜的环境里。污垢较多时，可用稀释中性清洁剂佐以温水先擦拭一次，再以清水擦拭，然后以柔软的干布擦去残留水渍，待完全擦净后，再使用保养蜡磨亮，蜡条还可修补小刮痕。

布艺沙发的靠墙部位离开墙壁至少 0.5cm 的间隙，避免阳光直射，沙发垫每周翻转 1 次，使磨损均匀。当沾上灰尘等干性污垢时，成粒的砂土可用毛刷顺手向内轻刷。

制家具的一般保养只须使用干净、柔软的布料轻轻擦拭即可，如清理顽固污垢，首先使用温水稀释的中性清洁剂先行擦拭，再以干的清水擦去清洁液，最后以干布擦亮，待全干后使用适量的皮保养剂均匀擦拭即可。

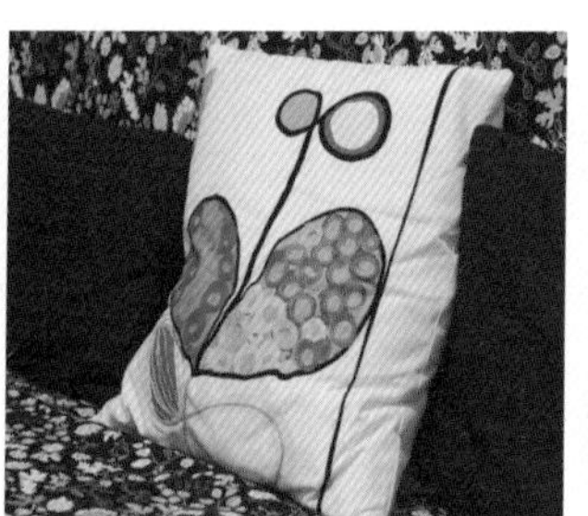

丝绒家具不可蘸水，应使用干洗剂，所有布套及衬套都应以干洗方式清洗，不可水洗，更不能漂白。如发现线头松脱，不要用手扯断，最好用剪刀整齐地将线头剪平。

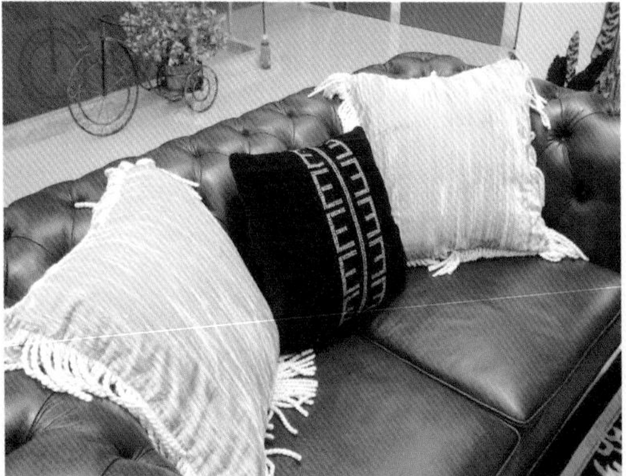

钢制家具可使用软布擦拭，但避免使用粗糙、有机溶剂(如松脂油、去污油)或湿的布块擦拭，这些都是造成刮痕、生锈的主要原因。

大理石餐厅家具清洁时应少用水，以微湿并带有温和洗涤剂的布块进行擦拭，然后用清洁的软布抹干和擦亮。磨损严重的大理石家具难以处理，可用钢丝绒擦拭，然后用电动磨光机磨光，使它恢复光泽；或者用液态擦洗剂仔细擦拭。

PVC 胶面壁纸可先采用清水擦洗或无色的干净湿毛巾轻轻擦拭，如有明显污渍再选用中性清洁剂稀释后擦拭；天然材质的壁纸建议采用干的毛巾或鸡毛掸清洁；纯纸只能采用海绵或无色的干净湿毛巾轻轻擦拭，且要控制水分。注意不要用椅背、桌边等硬物撞击或磨擦墙面，以免墙面被破坏。

壁纸要按时间周期清洁维护。每 3 个月定期用吸尘器或鸡毛掸做表面的浮尘清理，每半年或一年做 1 次表面清洁。

玻璃水晶制品要注意防重压、防摔、防高温、防强碱和强酸。提起时应抓紧底座或整体。

储放时要事先在搁架上铺好垫布，并以底朝天的方式放好。如要长时间存放水晶制品，应避光保存。不要使用发泡胶纸或塑料袋。

镀银产品如氧化，可用干净的细棉布湿沾一点牙膏轻轻擦拭，然后用干棉布擦干。银器使用后应尽早用温水加洗洁精清洗，用柔软的棉布擦干，存放在干燥且不含硫与烟气的地方。定期使用擦银布擦拭保养银器，必要时可使用洗银水。

画的悬挂要避免日光直射。日光中的紫外线及光和热对纟质、色彩都会造成日积月累的伤害，尤以油画类最为严重。尽量将画作悬挂在阳光直射区之外，以人造光源照明，力装玻璃阻隔些光束为上策。

亚麻产品洗涤时不能用力搓、拧（因为纤维较脆，易起毛，影响外观和寿命）。棉、麻产品收藏时要注意保持环境清洁防止霉变。白色真丝产品不能放樟脑丸或放在樟木箱内，否则会泛黄。

完美橱柜收纳宝典
——你需要一个“大橱”

分图片提供：菲林格尔、乐扣乐扣、CAM&LEON

造清新、明快的厨房空间，消除杂乱色彩和线条，是今天厨房设计的趋向。厨房本是个繁杂之所，如果能在设计上将其简化，让人们能在清爽明净的环境中操持家务，么心情将变得更轻松，工作也更高效。为此，我们精心汇聚了当下最前沿的现代经典厨房，满足你的各式装修需求，一定不可错过。厨房空间从此美丽！

图片提供：菲林格尔橱柜

A

两种设计，让厨房纹丝不乱

)你需要一个“大橱”！

I果你的厨房够大，可东西仍旧不够放，那么首先问一下自己，厨房是不是只能有上柜和下柜？你是否真的需要那么多料理台？

无论你选择的是一字型、L 型还是 U 型橱柜，一般家庭长度为 4 米的料理台已足够满足日常烹饪、洗涤与料理需要。如果你计算后台面超过 4.5 米，可以考虑把其中的一部分设计成厨房的“入墙衣橱”。由底及顶的橱柜，深度与下柜齐平，能有效增大储藏面积。很多之前必须放在储藏柜里的大物件：如成套的咖啡杯具、长长的醒酒器，都有了容身之地，就不用再暴露于外有碍观瞻了。

图片提供：乐扣乐扣

(2) 巧选收纳罐，合理收纳小物件

打开橱柜，除了搁架之外，你更需要合理的收纳组件让橱柜变得更整齐，容量更大。了解下面的技巧，会让你挑选到更可心的收纳罐组。

A. 尽量选择瓶盖和瓶底都是透明的储物瓶。不管放在搁板上还是抽屉里，都能清楚看到其储存的东西。

B. 按照需要可选择大小不一的储物罐。不过，尽量购买成组套件，以方便摞起摆放成一个形，充分利用抽屉内的空间。

C. 根据需要选择储物罐的密封性。流质等应在密封罐中保存，而干货、茶叶等，应放在口透气性好的陶瓷罐中。

D. 可控制每次倾倒量的油瓶、研磨器与储物瓶结合的研磨瓶，都能为下厨带来方便和乐趣。

图片提供：菲林格尔橱柜

B 四个细节，提升厨房品质

节一：家电嵌入

电磁炉到电烤箱，从冰箱到洗碗机，东一件西一件的厨房电器，将简的厨房变得凌乱不堪。你可以将这些电器统一规划，统统嵌入橱柜之中，整的块面设计让厨房显得更大气简约，缔造出一个整洁的空间。

进行家电嵌入前，你必须预留出插座位置，充分考虑散热问题，并考到产品的更新换代，尽量购买大品牌有统一外形标准的嵌入式电器。

图片提供：菲林格尔橱柜

细节二：烟机搁架

欧式脱排油烟机刚性的线条与奢简风格的厨房非常搭调，但美中不足的是储物功能却大打折扣。只需增加一个隔板，就可拓展烟机上部空间的储物功能。而定做的不锈钢搁架不仅与酷感的烟机连为一体，更可摆放不常用的锅具。

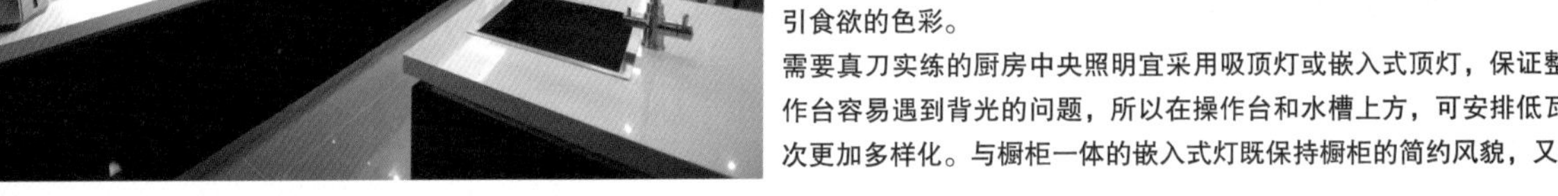

细节三：补充照明

照明要兼顾识别力，厨房的灯光以采用能保持蔬菜水果原色的荧光灯为佳，能使菜肴发挥吸引食欲的色彩。

需要真刀实练的厨房中央照明宜采用吸顶灯或嵌入式顶灯，保证整个厨房的照度。而靠墙操作台容易遇到背光的问题，所以在操作台和水槽上方，可安排低瓦数的补充灯光，让照明层次更加多样化。与橱柜一体的嵌入式灯既保持橱柜的简约风貌，又能满足照明的需求。

细节四：拉篮五金

厨房越大越容易有难以利用到的死角，既浪费空间，又不利操作。选择适合的拉篮能将它们充分利用，你的厨房储物空间也会变得更完美。橱柜的门板一般都定宽，所以经常会留出一条尴尬的长条深窄空间没法安装柜门。选择拉出式单元，就可以充分利用这种窄深的死角。而在橱柜的 L 形折角处，可安装依角落而设计的 180 度连动篮，开门后橱柜角落的物品都能一一展现出来，避免把半个身子探进柜中找东西的尴尬。

无论是拉篮、抽屉滑轨还是铰链，都是每天需要使用的，它们的耐用性和使用的舒适度直接影响橱柜的品质。

图片提供：菲林格尔橱柜

一帘幽梦

——窗帘更曼妙，生活多姿彩

一个小小的窗帘扣可爱而诙谐，一款飘逸的窗幔让窗帘更显唯美浪漫，一阵轻柔的风让白纱更具动感，这里收集了几个小技巧，让你悬挂起属于自己的一帘幽梦。

窗帘盒式窗幔

让窗帘更曼妙的几种方法

(1) 同款布帘窗幔

在欧式风格窗帘中，可以使用窗幔让居室再现欧洲皇室般的尊贵，同时也能营造出富丽堂皇的居室氛围来。欧式窗幔一般采用丝绒、缎料、麻等手感强烈、垂感逼真的布料制成，色彩以暖色调为主，呼应窗帘的材质，并注意款式的细节设计，再增加一些俏丽的花边装饰、进口提花以及诸多配饰等以营造奢华感。

罗马式皱褶悬挂窗幔

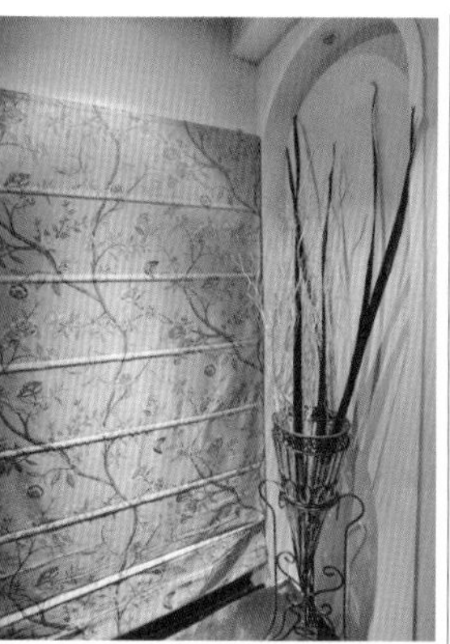

(2) 重垂铅绳增加纱帘质感

如果在容易有风的窗边使用纱帘，常常会因为风大扬起而打翻窗帘旁的饰物。加了重垂铅绳后，就能很好地解决这一问题，让你在任何窗边都可大胆地悬挂上可心的纱帘，营造梦幻般的氛围。

3) 纱幔饰窗编织田园梦

不太开的窗或过窄的窗，可直接将纱帘绷在开窗之上，既起到纱帘效果又营造出别样的田园氛围。注意纱帘与窗幅的比例需为 1:3~1:4，才能达到较好的皱褶效果。

B 不同房间的窗帘搭配

1. 客厅关键词：对开式、窗幔、饰带

风格：进入家门，给客人第一直观印象的就是客厅窗帘。客厅窗帘除了具有一般窗帘的保护隐私、调节光线和室内温度的功能外，最主要的是装饰功能，体现“大气”的风格，首先考虑素雅大方、宽敞和保持光线明亮。

色彩：色彩应与墙壁、家具等相协调，建议采中间色调或浅色调，如米黄、米白、浅灰等；欧式风格中，窗帘的色调多为咖啡色、金黄、深咖啡等；而中式风格以偏红、棕色为主。

一般来说，现代风格的装修中，客厅窗帘的花色应与客厅中的布艺沙发搭配。

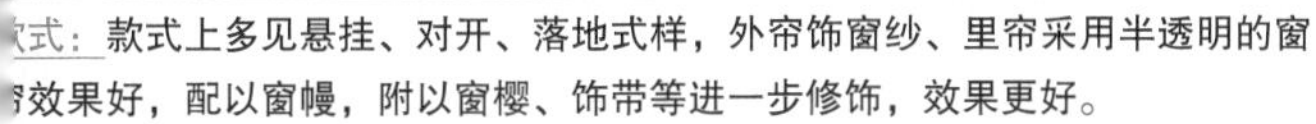

式：款式上多见悬挂、对开、落地式样，外帘饰窗纱、里帘采用半透明的窗帘效果好，配以窗幔，附以窗樱、饰带等进一步修饰，效果更好。

感：所选窗帘的布料最好采用涤纶或棉，这样窗帘的垂感会比较好。采用麻或涤棉布料。

2. 卧室关键词：质厚、温暖感、遮光

功能：卧室窗帘除了简单装饰外，最主要的是保护隐私、调节光线，起到促进睡眠的效果。因此，卧室窗帘更注重窗帘的实用性，功能上追求质厚、温馨、安全。

风格：一般在温馨时尚、情意浓厚的浪漫氛围下，人体的睡眠效果更好。窗帘花型一定要同床罩相协调。

款式：款式上多见外帘窗纱，里帘一般采用遮光窗帘，以使卧室在任何时间都是睡觉的好地方。窗帘宜选择厚重的布料，以减少阳光和噪音的影响，起到遮蔽的作用。

3. 餐厅关键词：暖色系

餐厅气氛上要活泼欢快、明朗。餐厅宜采用暖色（橙色）增进食欲，色调介于餐桌、墙壁两者之间。款式上根据窗体大小采用悬挂、对开或单开方式。外帘是窗纱里帘多用棉制品。

4. 书房关键词：可控制光线

风格：书房的风格要求素雅大方。窗帘的选择要求透光好、明亮。一般书房中搭配的窗帘有罗马帘、百叶帘、蜂巢帘、竹帘等，都能很好地体现书香味道。其中，以天然竹木为原材料的“竹帘”、“木百叶帘”为首选。

款式：款式宜选择升降帘方式，可以适当地控制光线的强弱。而百叶帘也因为其良好的光控性而常常被用来装在书房，营造安静的效果。

色彩：书房窗帘色彩多用驼色、米黄等淡雅色调，让人心情平稳，利于工作、学习。

5. 儿童房关键词：童趣图案、结实易拉

款式：考虑到儿童好动的特点，宜选用简易悬挂式窗帘。而容易损坏、不便于儿童操作的百叶帘、罗马帘等，最好不要用于儿童房。

图案：充满童趣、活泼可爱的儿童房，肯定要搭配充满童趣的窗帘。儿童房是属于孩子的天地，是孩子健康成长、开发智力的最佳场所。若要充分发挥孩子的想象力，在窗帘的花色上可多选用一些色彩比较鲜明的窗帘。花型采用卡通图案，色彩鲜亮，适合儿童的心理。

C 根据朝向选窗帘

除了根据房间的功能选择窗帘之外，你还需要考虑窗户的大小和朝向，根据阳光的指数来选择合适的窗帘。

(1) 东边选个百叶窗

东边房间总是早晨阳光最充足的房间，可以选择丝柔百叶帘和垂直帘，它们能通过淡雅的色调调和耀眼的光线，而背面的布料叶片能降低光线强度。这种温和的光线，能让你一早就有一个好心情。

(2) 南窗配双层窗帘

南窗是向阳的窗口，温暖光线却含有大量的热量和紫外线，阳光会在中午透过窗帘影响人们的休息。所以，南窗选择窗帘就要考虑防晒、防紫外线，能将光线散发开来。

双层窗帘是挂在南窗的最佳选择。白天展开上面的帘，不仅能透光，将强烈的日光转变成柔和的光线，还能观赏到外面的景色。晚上拉起下面的帘，给家人一个私密安静的环境。

(3) 西窗选个有褶帘

夕阳西下是一天中光照较强的时候。百叶帘、百褶帘、木帘和经过特殊处理的布艺窗帘都是不错的选择，它们都可以通过本身的平面，使阳光在上面产生折射，从而减弱光照的强度，给家具一些保护。因为强烈的阳光会损伤家具表面的色彩和光泽，布料也容易褪色。

(4) 北边选个艺术窗帘

北边的光线比较温和均匀。通常北边窗户适合选择一些淡黄色或者是半透明的素色窗帘，不要用深色的窗帘。另外，窗帘图案不宜过于琐碎，花纹也不宜选择斜线，否则会使人产生倾斜感。

Hotel de la Paix
PARIS